图解 日本园林

[日]宇田川辰彦 监制

[日]堀内正树 著

张 敏 译

江苏凤凰科学技术出版社

前　言

日本园林承古创新，在"不变"中与时俱进。

我们的工作是以当时的感性认识接受前人们的优秀成果，并创造出新的园林再传给后代。也就是将作为日本传统文化的园林文化及造园文化保护、发展并传承下去。因此，每个当代的造园人都在书写园林史上的一笔。

日本园林之所以"不变"，其根本原因是"自然"的存在。大自然赠予了我们树木、花草、岩石和水这些素材，于是我们就利用它们创造了园林这种极致的人工美并延续至今。

虽都是园林，但日本园林与西方的规则式园林截然不同。西方园林直接与自然对立，追求人工装饰性；日本园林并不采用华美的布局，重视亲近自然。也就是说，日本园林的造园根本是在遵循自然规律的基础上创作和管理园林。

前人在充分理解这一理念的基础上，以自然为主题创作和发展了多种多样的园林风格和造园手法。正因如此，现在我们仍然可以在日本各地观赏到优秀的古代园林。

本书的目的是向大家介绍日本园林的基础知识，以便大家能够更好地对其进行欣赏。除了园林的样式及历史、栽植、置石、理水、小品等基本知识外，还会穿插介绍造园的具体内容。掌握一些建造及管理园林方面的知识可以加深人们对日本园林的理解。

观赏和游玩园林本不需要高深的道理和学问，只要随性去看就可以。但我希望大家在阅读过本书、了解了一些园林知识后，再去随性观赏一次园林。相信前后"随性"间的变化定会让大家眼中的风景有所不同。

如果本书可以为大家更好地观赏和游玩园林尽绵薄之力，我将不胜荣幸。

日本造园组合连合会理事长
宇田川辰彦
2015 年 6 月

四季分明的园林植物引人入胜

日本园林是园林建造师和园艺师们利用树木、花草、岩石、水这些自然界的素材创造出的另一个自然，其展现给我们的景色如实地反映了造园者对于自然的审美观。园中各种精心的设计也是为了让观赏者可以细细品味这个崭新的世界。

有很多人虽然试图理解造园者的创作意图和品味其设计理念，但总觉得格调过高难以领会。

拥有宏大的池泉庭园的平安神宫（京都府），神苑四周盛开的垂樱

枝叶嫩绿的树林和布满翠绿鲜苔的西芳寺（京都府）黄金池

　　如果对日本园林感兴趣的话，亲眼去看是很重要的。例如，春天想赏樱时，去以樱花著称的园林；秋天想赏枫时，去红叶美不胜收的园林。如果对最近流行的鲜苔感兴趣，去以鲜苔著称的园林也是不错的选择。

　　欣赏园林的方式有千万种，被园林内表现四季景色的植物所吸引而进行观赏、游玩的方式，可能更容易让人融入日本园林的世界。

　　在池边散步或在建筑物的外廊静静伫立凝视的时候，岩石点缀的风景、不知源头的瀑布，以及流动的水声等，在让人放松心情的同时，也会使人对园林产生更多的兴趣。

　　总之先不要考虑太多，试着亲自去园林里感受它带给你的乐趣吧。

在东京都的六义园中，夜晚在夜灯映照下的枫叶是秋天的重要景物之一

初夏时分，杜鹃花的修剪为六义园增添了几抹艳丽

拍照可以加深对园林的看法和理解

如果从上空俯瞰以凡尔赛宫为首的欧洲规则式园林，可以看到像织锦一样完美的几何图形。可以说这是以俯视的视角建造的园林。与之相对地，欣赏日本园林时，或坐在房间里观赏，或在园中信步观赏，所以日本园林造园时的视角是平视或仰视的。

日本园林通过近景（眼前的景色）、中景（正中央的景色）、远景（后面的背景）的重叠和忽隐忽现，或制造出远近感和深邃感，或将人的视线集中于某一点，或通过明暗的对比凸显景色的阴影，景色的表现手法多种多样。与日本复杂多变的自然景色一样，园林的景色也富于变化。

池泉园林中水面的颜色也富于变化。这张照片将池中的倒影也加入了构图中（东京都旧古河庭园）

将作为近景的树木置于构图中，让人联想空间的广阔。以照片中的远山"东山"的借景作为远景，制造深邃感

　　每个日本园林都有展现其园林独特之美的专属视角。就禅寺的"枯山水"来说，因其主要是坐在室内观赏，所以大部分都是从方丈的房间向外看的视角。但如果是回游式园林，则步移景随，每走一步视角都会有所变化，很难将视线聚焦在某一点上，所以建议大家拿着相机去园林多拍一些照片。

　　拍照时应先用心观察，对于园林美在何处、兴趣所在何处应做到心中有数，然后按下快门，将其定格在自己的画面中。在大量拍照的过程中，自然会发现自己中意的视角，同时，也可以此为契机进一步理解日本园林。

　　但需要注意的是，特别是在观赏寺院和美术馆等处的园林时，应在遵守相关规定的基础上进行拍照，例如征得管理人员的同意等。

日本园林中作为园路的敷石也值得一看。拍摄脚下的景色时，视角也会发生改变。照片中远处的石灯笼可以引起观赏者的兴趣（京都府桂离宫）

外国人眼中日本园林的魅力所在

美国有一本名为 JOURNAL OF JAPANESE GARDENING（简称 JOJG）的隔月发行的日本园林专业杂志。该杂志从 2003 年开始实施"SIOSAI 项目"，每年都会发表《优秀日本园林排行榜》。

此排名是日、美、澳三国专家在日本各地进行调查，排除了历史价值、知名度、规模等因素，以"园林本身的质量""与建筑物的协调感"以及"对来访者提供给的服务"等为标准进行综合评判后选出的结果。

目录前一页的表格是从日本 900 多个园林中选出的 2014 年度排名前 50 的园林名单。桂离宫连续 12 年排名第二，岛根县安来市足立美术馆连续 12 年排名第一。

足立美术馆是当地实业家足立全康先生在 1970 年以横山大观的收藏品为基础设立的。园林面积达 50000 坪（1 坪约等于 3.306 平方米），由枯山水庭、苔庭、茶室、寿立庵庭、白沙青松庭、池庭及鹤龟瀑布六部分组成，建筑物位于六个庭园之中。那么这个园林如此受外国人欢迎的奥秘是什么呢？

我认为有以下几点。首先，它将枯山水、苔、池、白沙青松这些外国人在头脑中描绘的日本园林的印象浅显易懂地具体化了，用非常鲜明的形式来表现园景，再用杜鹃花、红叶、雪等四季景物为园林增添色彩。同时，被群山环绕的地貌和群山本身，都作为美丽的借景发挥着它们的作用，这一点也是不可忽视的要素。

其次，是美术馆得天独厚的展示方式（这个园林位于美术馆中），这也是一个重要原因。将馆内的窗框作为画框，在园林内取景，就形成了"活的有框画"，然后像展示品那样展示出来；同样，将日式房间的壁龛打通，就可以将园林内的风景变成"活的挂

轴"。全康先生曾说过"园林是另一幅画"，园内设计确实是这样。

　　另外，足立美术馆内杜鹃花的刈込[1]（整形植物／修剪植物／型木）也给人留下深刻的印象。在2014年度的排名中，山本亭、赖久寺、诗仙堂、六义园等越来越多拥有优美的刈込的园林入围。刈込造型修剪的好坏如实地反映了园林的管理情况，所以调查人员对于这一点应该也给予了关注。

注:
1 刈込：日本园林中植物造型修剪的专业用语。

连续12年排名第二的京都府桂离宫。初夏的雾岛杜鹃花红的似火，染红了池泉庭园

从2013年的第5名上升到第3名的东京山本亭内，沿园路开的刈込引人注目

"SIOSAI项目"日本园林全国排行榜（2014年）

排名	名称	所在地	设施类型
1	足立美术馆	岛根县安来市	美术馆
2	桂离宫	京都府京都市	原皇宫行宫
3	山本亭	京都府京都市	原私人宅邸
4	御所西京都平安酒店	京都府京都市	酒店
5	养浩馆庭园	福井县福井市	原藩主宅邸
6	依水园	奈良县奈良市	原私人宅邸
7	无邻庵	京都府京都市	原山县有朋宅邸
8	佳翠苑皆美	岛根县松江市	旅馆／酒店
9	栗林公园	香川县高松市	原藩主宅邸
10	庭园之宿 石亭	广岛县廿日市	旅馆
11	皆美馆	岛根县松江市	旅馆（日式饭馆）
12	大濠公园	福冈县福冈市	公园
13	玉堂美术馆	东京都青梅市	美术馆
14	二条城二之丸庭园	京都府京都市	历史遗迹
15	赖久寺	冈山县高梁市	神社寺院
16	松田屋旅馆	山口县山口市	旅馆
17	京都 白河院	京都府京都市	私学共济住宿设施
18	武家屋敷迹野村家	石川县金泽市	原武家宅邸
19	汤之助之宿 长乐园	岛根县松江市	旅馆
20	诗仙堂	京都府京都市	原石川丈山宅邸
21	叶山 SIOSAI 公园	神奈川县叶山町	纪念公园
22	汤村温泉 常磐酒店	山梨县甲府市	日式酒店
23	好古园	兵库县姬路市	纪念公园
24	三养庄	静冈县伊豆国市	旅馆
25	秋保温泉 茶寮宗园	宫城县仙台市	旅馆
26	八芳园	东京都港区	婚礼会场
27	相乐园	兵库县神户市	原私人宅邸·公园
28	石和温泉 铭石之宿 KAGETSU	山梨县笛吹市	旅馆
29	木崎温泉 西村屋本馆	兵库县丰冈市	旅馆
30	兼六园时雨亭	石川县金泽市	园林内设施
31	醍醐寺三宝院	京都府京都市	历史遗迹
32	起云阁	静冈县热海市	原旅馆
33	妙心寺退藏院 余香苑	京都府京都市	神社寺院
34	伊豆修善寺温泉 柳生之庄	静冈县伊豆市	旅馆
35	慧洲园	佐贺县武雄市	观光园林
36	藤田纪念庭园	青森县弘前市	原私人宅邸
37	由志园	岛根县松江市	观光园林
38	高台寺 洛匠	京都府京都市	甜品店
39	盛美园	青森县平川市	原私人宅邸
40	六义园	东京都文京区	大名庭园
41	南禅寺 顺正	京都府京都市	日式饭馆
42	筑地 治作	东京都中央区	日式饭馆
43	金福寺	京都府京都市	神社寺院·原私人宅邸
44	修学院离宫	京都府京都市	原皇家行宫
45	GANKO 高濑川二条苑	京都府京都市	日本料理庭园别墅餐厅·原角仓了以宅邸
46	龙岛院	宫城县村田町	神社寺院·原私人宅邸
47	骏府城公园 红叶山公园	静冈县静冈市	公园
48	三溪园	神奈川县横滨市	非文化遗产建筑群·园林
49	水前寺成趣园	熊本县熊本市	大名庭园
50	本间美术馆 鹤舞园	山形县酒田市	美术馆·原私人宅邸

目 录

第 一 章

日本园林的基本样式

用修剪后的杜鹃花代替园林造景石表现七五三石组的京都府正传寺枯山水

1 池泉园林

池泉是大海的象征

在日本，过去将园林叫做"山水"或"林泉"等。在枯山水出现之前，园林里必须有水的存在，说"园林＝池泉"也不为过。

日本园林中水池的起源是在古代神社内可以看到的供奉海神用的神池和神岛，从飞鸟、奈良时代起就被作为海的象征沿用至今。飞鸟时代园林中水池的形状是规则的方形，随着奈良、平安时代的到来，水际线形逐渐变成了柔和的曲线。另外，水池的护岸和中岛[2]也被用于表现海景，水池的结构逐渐复杂。

从泛舟欣赏到漫步欣赏

日本园林的池泉可分为池泉舟游式、池泉观赏式、池泉回游式三种。寝殿造园林是供贵族们乘龙头鹢首[3]、吟诗奏乐的池泉舟游式园林。京都神泉苑和嵯峨院遗址大泽池等都是这个时代有名的代表作。

从平安时代后期到镰仓时代，出现了净土式园林，在保留池泉舟游式特征的基础上，逐渐发展为在池边漫步欣赏的池泉回游式和从室内向外观赏的池泉观赏式园林。代表作有宇治的平等院、岩手县平泉的毛越寺和京都的西芳寺、天龙寺、金阁寺等。

从室町时代后期开始，园林和水池的面积都逐渐变小，坐在室内观赏的坐观式池泉园成为主流。水池的规模急剧减小，观赏者可以将整个水池尽收眼底。

回游式园林真正得以发展是从桃山时代的露地（茶庭）开始的。事实上，在此之前，人们主动在园林内步行观赏的情况并不多见。著名的园林桂离宫可

平安时代后期代表作之岩手县毛越寺的净土式园林

京都府嵯峨院遗迹大泽池的池泉舟游式园林

由茶室和水池构成的京都府桂离宫

作为大规模的大名庭园被建造而成的东京都六义园

以说是由几个茶庭组合而成的园林。

到了江户时代，日本全国以江户为中心开始大量建造规模庞大的大名庭园[4]。小石川后乐园、六义园、金泽兼六园、冈山后乐园、高松栗林公园等大名庭园都是池泉回游式园林的集中体现。

园林中有大面积的池泉，水池周围设置假山和树丛，池上架设拱桥，观赏者则沿园路欣赏景观。这种风格可以说就像现在的主题公园一样。

注：
2 中岛：水池中设置的最大的岛屿。
3 龙头鹢首游船：日本平安时代贵族的游船。两艘成对，一艘船头上有龙头雕刻，另一艘船头上有想象中的水鸟（鹢）的雕刻。在庭院的水池上浮游，有乐工吹奏音乐。
4 大名庭园：大名（藩主）筑造的日本园林，是以水池和假山为主的池泉回游式园林。

2 枯山水

室町时代以前的枯山水

"于无池无遣水[5]之处立石，号曰枯山水[6]"，这句话出自平安时代后期的造园专著《作庭记》。这本书是日本最早记述造园之术的书籍，作者橘俊纲。在这本书中第一次出现了"枯山水"一词，传说《作庭记》中出现的"枯山水"曾被念作"こせんずい""かれせんずい"和"からせんずい"等。但这里的"枯山水"和我们现在所认为的枯山水实质有些许不同。

当时，把在没有池泉和溪流等无水的地方、为表现自然景观而设置的石组称为"枯山水"。西芳寺始建于镰仓时代，形成于南北朝时代，以苔寺著称，位于其北部的洪隐山枯瀑布石组是典型实例之一。枯瀑布石组是不用水来表现山水的景观，在"枯山水"已被规范化的室町时代，它可以说是真正的"枯山水"的原型。

随禅宗盛行而被确立的枯山水样式

我们印象中的枯山水是不用水来表现大海和溪谷等大自然景观的园林。在禅宗思想盛行的镰仓时代后期，深受此影响的枯山水得到了极大的发展。到室町时代中期，枯山水样式被确立下来。其中，京都的龙安寺和大德寺塔头[7]大仙院

作为枯山水起源的京都府西芳寺枯瀑布石组

《都林泉名胜图会》（1799年发行）中所描绘的京都府龙安寺石庭

江户时代中期的《筑山庭造传·上篇》中所描绘的京都府大仙院石庭

作为枯山水代表的龙安寺石庭

最为著名，它们已经远远超越了园林这一概念，也可以说成为了一种抽象艺术。

原本禅宗的修行应该在深山幽谷的大自然中进行，但如果将寺院建在远离深山的市井之地，这种环境就不利于修行。因此，就在隔扇和挂轴上画出深山幽谷的景色，也就是所说的水墨山水画。

当然，坐在方丈[8]中观赏园林时，也需要这样深奥微妙、回味无穷的景观。正如作为媒介禅观环境空间的水墨画、在极其有限的纸张上描绘出宏伟的景观一样，枯山水也在极其有限的空间内利用石头和砂砾、苔藓和刈込（修剪植物／型木），以抽象手法表现大自然，追求一种更接近理想的世界。这种园林设计只有专心思惟[9]、感性丰富的禅僧才能做到吧。

京都在应仁之乱（1467—1477年）以后，社会动荡、经济萧条，很难再建造大规模的池泉庭园。这个也是枯山水

京都府妙心寺的塔头东海庵的砂纹表现了从中央处的小石扩散出的波纹

盛行的重要原因之一。

　　这样将不利条件转化为有利条件，枯山水不使用水，反而使人们意识到了大海和溪谷等这些水的存在。与诗歌雅乐一样，枯山水正是从这种品味余韵的日本文化里产生的造型艺术。

表现水的砂纹美学

　　在枯山水中，象征水的存在的是砂，表现水的灵动的是砂纹。大海的涟漪和波涛、漩涡、流水、水面的波纹等都是通过砂纹来表现的。

　　砂纹的描绘，使原本静止的园林灵动起来。通过赋予单调的砂子表面的阴影的变化，更加明确了每块石头的意义和作用。有的石头轻轻地拨开海浪；有的石头静静地晕开波纹；有的石头欢快地翻腾着水流。

　　砂纹凸显了石头的作用，营造出富于变化的景观。

砂纹的描绘是一项重要工作

　　描绘砂纹是从何时、以什么样的目的来开始的，至今还不能确定。先是为了调整清扫后的砂子的美观，之后一步步升华成为美丽的纹路。可以说它的出现是有其必然性的。因此，砂纹又被称为"帚痕"。

　　砂纹的美丽纹路和情趣自不必说，它也是庭园保持美观的见证。一点儿小小的垃圾和落叶都会破坏砂纹的纹路，刮风下雨也会破坏砂纹的形状。枯山水园林所在的大多数寺院每天都会用心清扫，在清扫完成后也会整理砂纹的形状，将其视为一项重要工作。

砂砾也有种类和使用方法之分

　　枯山水所使用的砂砾，过去是京都产的花岗岩碎石"白川石"，由于现在已经禁止开采，所以就用其他可以开采到的白色花岗岩碎石代替。虽然如此，却营造不出"白川石"的优美和独特质感。

　　另外，还有一些其他的砂砾，例如，锈石花岗岩砾，因铁含量高会自然显现出铁锈色；过滤河底砂石的细砾等，因这些砂砾颜色较深，可以营造出沉静的气氛，所以较常用于下一节即将出现的露地（茶庭）等。

注：
5 遣水：就字面意思而言，"遣"在此有"用""安排"等意。类似于"遣词造句"的用法，在此为于庭上"遣水作溪"的意思。
6 枯山水：于庭上表现自然山水景观时，抽去了水这一要素，其本质及关键在于无水。
7 塔头：在禅宗，指开山祖师塔之所在。高僧入寂时，弟子因仰其遗德，不忍骤离塔头，遂住于一新设之小屋，称塔头支院。至后世，尤以日本，指本寺所属且为本寺境内之寺院，亦称为塔头。
8 方丈：意为"一丈见方"，禅宗寺院的住持、长老的居所、居室。
9 思惟：佛教用语，思考事物的本质。

8

千人眼中的千个龙安寺石庭

建于室町时代中期的京都龙安寺石庭，没有哪个庭园的枯山水比它有更多未解之谜的了。

石庭内铺满白砂，白砂之上伫立着15尊大小不一的岩石，在被古色矮油墙所围绕、面积仅为75坪（约等于248平方米）的空间里，没有一草一木，是一个远离了喧哗的单调世界。

世界上的石头成千上万，像繁星一样多，又是谁以何种目的只选出了这15块，并且将它们搬进园中，置于这一片白砂之上的呢？

关于这种看似随意的岩石的排列方式，说法不一。有人说像浮现于大海之中的岛屿，或者探出云海的连绵山峰，还有人认为是以中国寓言故事"虎生三子，必有一彪"为原型，有的则说岩石的排列像"心"字、像"仙后星座"等。这些解释都是观赏者个人的感受，因此无对错之分。

无论是谁观赏过这个庭园，心里都会有种无法得到满足的寂寞与空虚感。觉得缺少东西，却不知应该加些什么。石庭中弥漫着一种拒绝添加的紧张感。

起源仍为未解之谜的龙安寺石庭

3 露地（茶庭）

延续至今的日本文化根基——茶道

日本园林所独具的富有深度而微妙的世界观是在其他园林中所欣赏不到的。对这种世界观产生影响的，一是禅宗，二是茶道。禅宗创造了前文所述的枯山水，茶道则创造了茶庭。如今，茶庭作为日式园林样式之一已经根深蒂固并得到普及。如果要追根溯源的话，蹲踞[10]、石灯笼[11]、飞石[12]和敷石[13]等重要元素可以说是始于茶庭。

16世纪后半叶，丰臣秀吉掌握政权的桃山时代仅有二十余年。但就在这二十余年的时间里，和歌、连歌、建筑、绘画、雕刻、工艺和园林等各种各具特点的艺术和文化都得到了很大的发展。

茶道则构建了贯穿这些文化和艺术全部本质的一种理念，它始于田珠光，由武野绍鸥确立，发展、集大成于千利休。

所谓茶道，就是生火，烧水，品茶的行为。但就在喝一碗茶这一最简单纯粹的行为中，却浓缩了茶人的自然观、艺术观、生活观的全部内容。

从"路地"发展为"露地"

茶庭又被叫做"露地"，是指"在去往茶室的路上所经过的庭院"。室町时代初期，表示茶庭的文字是"路地"，单指到茶室去的小路。

到了千利休生活的时代，茶道受禅宗影响，加强了寻求佛道的精神，茶庭的结构也随之变得复杂起来。

正如又被称作"市中之隐""世外之道"或"山居之体"一样，对于茶道而言，虽处于闹市之中，却需要一块与日常生活隔绝的幽静封闭的空间。

通过设置飞石，来规范客人从茶庭

京都府仙洞御所又新庭的茶庭中的飞石、
蹲踞和方格篱等

等待"迎附"和后座入席的"腰挂""待合"

入口到茶室的行进路线；通过设置蹲踞，来净化身心；通过设置石灯笼，来为夜间的茶会照明，这些整体上都表现了以佗[14]、寂[15]为基调的深山幽谷的景观。

自此，茶庭从"路地"升华为更深层次的"露地"。据《法华经譬喻品》记载，所谓"露地"，比喻的是"脱离三界痛苦之境"。就园林来说，意味着"草庵寂寞之境"。另外，"露地"也有"露出地面"的意思。

茶庭被用作独立的空间

当人们开始正式地举行越来越多的茶会时，茶庭的作用也被重视起来，其结构也逐渐变成了二重露地的复杂样式。

二重露地以茶庭的方格竹篱为界，分为内露地和外露地，其中表千家茶庭和里千家茶庭最具代表性，是结构最完整、最正式的茶庭。

以往大多数园林都是以坐观为目的而建的。茶庭则与此相反，可以说为了让人专心于茶事，将茶庭与茶室内部完全隔开是茶庭的主要特征。

茶庭中各具意义的布置和其使用方法

被邀请来参加茶会的客人首先在"寄附"（门口等待室）换好衣服，然后在旁边的"待合"（等待室）等待，等所有的客人在待合聚齐后，来到"外腰挂"（休息室）等待"迎附"（与茶庭主人会面寒暄），"迎附"在隔离内露地和外露地的中门进行。

主人站在中门的内露地一侧的"亭主石"上，正客（茶会中坐在最上座的客人）站在中门的外露地一侧的"正客石"

上，其他客人跟在正客身后。众人默默行礼，结束"迎附"。

之后，客人进到内露地，按序在蹲踞洗手漱口，净化身心。按惯例，在进入茶室前，客人一般会站在称为"额见石"的大石块上瞻仰茶室的匾额和砂雪隐[16]。

在入座时，从正客开始，按序跨过蹲口[17]（窝身门）附近的"乘石""落石"和"踏石"后，由蹲口进入茶室。

在前场和后场之间（茶会分前、后两场，称为"初座"和"后座"），有被称为"中立"的休息时间，此时可回到茶庭中，在"内腰挂"（休息室）里休息。在内露地附近设有钟闻石（听钟石），茶室主人准备好"后座"后，会鸣钟示意，客人会在钟闻石上聆听钟声。

在茶庭内，自入口至茶室有一段园路，由飞石、敷石和延段[18]构成。通常，不论茶庭面积大小，都要尽可能延长园路，而不采取两点直线式的园路路线。另外，如果在途中看到系着十字结的守关石[19]，则表示"止步"，不可以再继续前行。

展现茶庭清净的砂雪隐和尘穴

砂雪隐，即茶庭内设置的厕所。又被称为"饰雪隐"，实际上并不使用。茶人用心清扫、保持干净的砂雪隐是茶庭清净的体现。

另外，与砂雪隐一样，尘穴是用以表现茶庭的清净和对茶道的钻研。其设置的目的原本是在来客之前用尘箸拾起落叶和尘垢等，并暂时收集于尘穴中，但实际上并不使用。

尘穴通常被置于茶室的蹲口附近的房檐内、"腰挂"与"待合"附近，或者砂雪隐的内部，形状或方或圆，深30厘米。其穴口处放置俯瞰石，俯瞰石边立有竹筷。

茶会之日，尘穴中放入浸过水的栎、日本扁柏和花柏等植物的嫩叶，再插入竹筷，这些都是茶庭清净的见证。

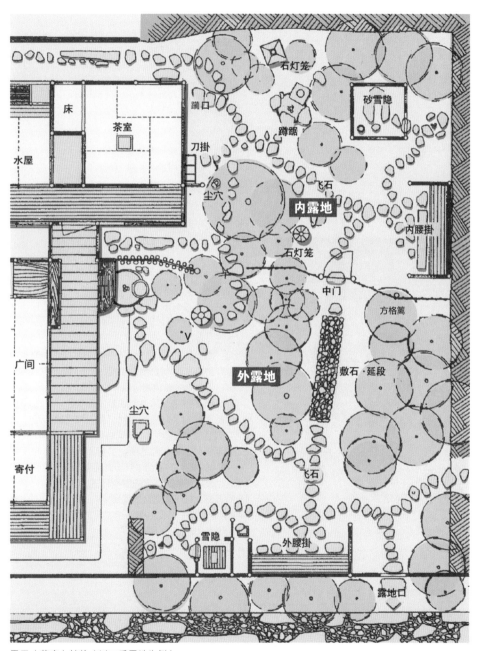

露天（茶庭）结构（以二重露地为例）

放有新叶和新竹的尘穴

注:

10 蹲踞: 手水钵、前石（脚踏石）、手灯石（置灯石）、汤桶石（搁桶石）的总称。

11 石灯笼: 茶庭中照明用的石制灯笼。

12 飞石: 庭园中用于步行、隔一步间距埋入土中的平整的石头。

13 敷石: 铺路石。

14 侘: 本意是闲寂、恬静。茶道和芭蕉俳句的理念。舍弃物质享受，在简朴、静寂中追求精神的清纯。

15 寂: 本意是古雅风趣、幽静、朴素优雅之美、幽静之美。日本蕉风俳谐的根本理念之一，重视朴素幽雅的情调。室町时代"侘"和"寂"两个汉字组合成"侘寂"，强调唯有自我方可感知的深邃意境，一种不刻意突出装饰和外表，强调事物质朴的内在，并且能够经历时间考验的本质的美，这也是现在和风美学的原点所在。

16 砂雪隐: 设于内露地的厕所

17 蹦口: 茶室的入口，是一个二尺二方的窗型小门，用于客人进出。

18 延段: 石块、石板混合铺成的路段。

19 守关石: 拳头大小，用染黑的棕绳在上面绑出十字结，置于飞石之上。

千利休所传达的真正的茶庭

茶人认为应该如何打扫茶庭呢？我们可以从下面这则利休的故事中窥探一二。

某个秋日，利休看着自己的儿子（入赘女婿）少庵正在打扫茶庭和洒水，等打扫完成后，利休对儿子说："还不够"，命令他再打扫一遍。

于是，少庵又花了一个小时重新打扫，最后筋疲力尽地对利休说："父亲大人，已经没有可以打扫的地方了，飞石也洗了三遍，石灯笼和树丛也洒了足够的水，苔藓也很青翠，地上没有一根树枝和一片落叶。"

利休听完后训斥少庵道："年轻人，茶庭可不是这样打扫的。"说完亲自走到茶庭中，晃动一枝枫树枝，将红叶散落在地上。

散落一地的红叶着实很美，但却丝毫不会让人感觉到是刻意所为。利休所追求的并不是单纯的清净，而是营造出应景的自然之美。

集茶道之大成并确立了茶庭样式的千利休的石像（位于大阪府大仙公园）

第二章

植栽的基础和传承至今的管理方法

以眼前的松树为近景、刈込为中景、远方的池边树木
为远景而进行配植的东京六义园

1 自 古 传 承 至 今 的 植 栽 技 术

人们对植物的兴趣从未改变

人们产生"想去日本园林看一看"这种兴致的契机，各不相同。但首先以欣赏植物为目的去园林的人应该不在少数吧，例如，春天的梅花和樱花，秋天的枫叶等。

人们对于植物的好奇心从未改变过。在古代，人们认为四季常青的常绿树代表永恒的生命，将其作为"神篱"（有神仙降临的神木）。另外，冬天落叶，春天吐绿的落叶树可以让人感受到时光的流逝和无限的生命力。

尽管如此，大部分树木的寿命最长也不过三百年左右。而且，有的树木也会因地震、火灾、洪水、干旱等原因被烧毁、倒下或干枯而终结生命。所以，在现存的古代园林中，几乎看不到造园当初栽植的树。

过去的日本园林中种植的树木品种和栽植特征也只能通过当时的文献和图片来推测。

到平安时代为止的植物变迁

在日本最早的史书《古事记》和《日本书纪》中，出现了松、杨桐、日本扁柏、杉、樟、卫矛、栎、米槠、麻栎、榉等近百种植物。但关于花草和花树的记述却很少，可以看出，在奈良时代以前，人们崇拜绿树的意识强烈。

在成集于奈良时代的日本歌集《万叶集》中，按咏颂和歌数量从多到少的顺序排列，有胡枝子140首，梅花118首，松树79首，橘树68首，樱花50首。包括其他种类在内，《万叶集》中共出现了一百六十余种植物，可以认为这个时代孕育了热爱花树的文化。

《源氏物语绘卷》中所描绘的喜爱花卉的贵族们的样子（由国立国会图书馆提供）

让人联想到平安时代的栽植风景的京都府神泉苑的池泉舟游式园林和垂樱

同时，咏颂松树的和歌较多，这不仅是因为松树曾是园林中的主景植物，而且日语中的"松"和"等"是谐音字，所以多用于歌颂爱情中的相思之苦。

在著于平安时代的日本歌集《古今和歌集》中，咏颂槭树和樱花的和歌数量分别位居第一和第二。

"如果没有樱花的话，人们在春天就不会心焦地等待了吧！"（在原业平）。

"霜叶委深山，雄鹿轻踏来，呦呦情弥切，肃肃人愈哀。"（猿丸太夫）。

其中以上述两首和歌为代表，分别表现了春天樱花令人心动的明艳和秋天红叶的沉寂素雅。以赏樱、赏枫为代表的日本赏花文化在这个时代产生，并延续至今。

在平安时代的文学代表作品紫式部的《源氏物语》中，可以看到很多古代贵族的宅邸中用植物表现园林情趣的记述。如"庭园中的栽植多以五针松、红梅、樱花、紫藤、棣棠、堪察加越桔等春季植物为主，其中也加入少数秋季植物……""在假山上栽植枫树……"等。

造园古书中的中世[20]栽植方法

另外，在平安时代后期编纂成书的《作庭记》和自镰仓时代末期至室町时代的《山水并野形图》中，记述了具体的栽植方法。

在《山水并野形图》中有这样的记载，"种植树木时，必须师法自然。长于深山之中的树就要栽植在像深山的地方，长于山野之中的树就要栽植在像山野的地方，长于岸边的树就要栽植在像岸边的地方。只有懂得这个道理，才不会在栽植的时候迷失方向"。

《山水并野形图》中所记述的在池泉周围栽植刈込的东京六义园

下面对具体的植物栽植方法进行详细说明。

例如，"松树应依据园林风景，栽植在吉相的方位"，"梅花香味别具神韵，应栽植在顺风的方位"，"棣棠应栽植在有沼泽地的园林内，如果是栽植在普通的园林内，则应栽植在篱笆边缘"，"杜鹃花应栽植在深山中的矮树下、岩石间和水池边"等。

无论何种栽植方法，都应对大自然进行细心观察，最重要的是在不违背自然规律的基础上因地制宜地进行栽植。

观察自然，并师法自然，这种栽植的基本理念至今也无任何改变。

现在，在日本园林中可以看到的栽植方法，是在不断传承过去的技术和经验的基础上发展而来的成果。

注：
20 中世：日本划分历史时代的一个时期。主要为镰仓、室町时代。

《作庭记》中的园林和栽植

在《作庭记》一书中，第十篇名为"树事"，开篇第一句为"人家居所之四方，须植以树，以为四神具足之地"。这句话对"四神相应之栽植"进行了解释，类似于中国的阴阳五行学说的风水测定。

在《作庭记》中，以东有流水、西有大道、南有污池、北有丘为住所理想的布局设点。其中，以流水代表"青龙"，大道代表"白虎"，池代表"朱雀"，丘代表"玄武"，这四方神兽可以完全从东西南北四个方向镇守住宅。

但由于这种理想的地点几乎不存在，于是就产生了下述的"四神相应之栽植方法"。

"若无流水，植柳九棵，以代青龙；若无大道，植楸七棵，以代白虎；若无污池，植桂七棵，以代朱雀；若无丘陵，植桧三棵，以代玄武；如此为之，以为四神相应之地，居者官位福禄皆备，无病长寿。"

此外，书中还进一步解释道，"除青龙、白虎、朱雀、玄武之外，无论何树植以何方，皆随人意。但古人云，东植花树，西植红叶之树。如若有池，岛上宜植松、柳，钓殿之旁，以植诸如枫类可乘盛夏阴凉之树为佳"。

《作庭记》中还介绍了通过解字评判吉凶的栽植方法，"当门中心处植木者，忌。盖成'闲'字故也。方圆地之中，如若有树，其家主常困苦，盖方圆中有木，成'困'字之故"。

由于当时阴阳学说已经盛行，从书中我们可以看出造园也受其影响。

● 《作庭记》中"四神相应之栽植"的概念图

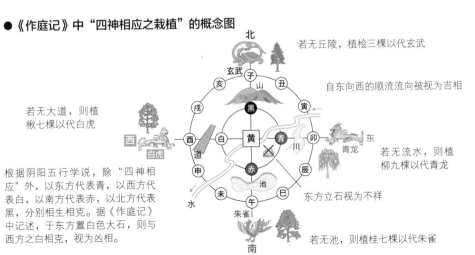

若无丘陵，植桧三棵以代玄武

自东向西的顺流流向被视为吉相

若无大道，则植楸七棵以代白虎

若无流水，则植柳九棵以代青龙

根据阴阳五行学说，除"四神相应"外，以东方代表青，以西方代表白，以南方代表赤，以北方代表黑，分别相生相克。据《作庭记》中记述，于东方置白色大石，则与西方之白相克，视为凶相。

东方立石视为不祥

若无池，则植桂七棵以代朱雀

2 通过栽植表现景观的方法

树木的正面和反面

我们平时看到的树木其实有正反面之分。

在造园的时候，园林建造师会在细心观察的基础上进行栽植。孤植，即只将一棵树作为主景植物进行栽植时，一般将正面作为观赏位置进行栽植。

区分正反面的方法是，一般向阳、枝叶茂盛、树干表面花纹鲜艳的一面，或树枝形状前后左右分布均匀、整体形态看上去协调一致的一面视为正面，与之相对的一面则视为反面。

若以丛生分枝（从根茎处分出数枝枝干向上生长的栽植方法）为判断标准，则以能看见所有枝干的方位为正面。例如，分为两枝时，两枝都清晰可见；分为三枝时，三枝都清晰可见的方位为正面。总而言之，能很好地展现树木形态

的方位为正面。

下次大家在去园林或公园的时候，不妨细心观察一下。

在观察树木时，改变方位进行观察，就能很好地理解正反面的不同。从前后左右四个方位进行观察，树的形态看上去最优美的方向可以理解为正面。

植物配置的整体性需要考虑树木的"气势"

所谓植物配置，即"于园林何处，以何种方法，栽植何种树木，栽植几株"。这句话听似简单，实际上非常困难。这需要在考虑当地自然环境条件（气候、土壤、日照等）的基础上，结合园林主题对树木进行筛选和组合。只有这样，才能表现出一个整体的景观。

从古至今，植物配置是一个一直被

旧古河庭园茶庭的树木，配植易表现造园者的审美意识

认为可以明显体现园林建造师技术和品位的领域。植物的配置大多数是园林建造师凭着感觉进行的。虽无明确的规则，但有常用的窍门。

首先，根据观察视角、行走动线和树木的生长情况，预测多年后的景观变化。然后，再根据树木之间的和谐、水景和石组、建筑和装饰物等的协调性来进行植物配置。这个是最基本的做法。

其次，植物的"气势"在植物配置中也发挥着重要的作用。气势所描绘的无形的线条体现了树木的强弱和生长方向。形状较规整的树，气势相对较弱；形状较灵动的树，气势相对较强。

例如，修剪为半球形的刘达是一点一点地向四周发出安详平稳的气势；那些树枝很长的树木，从它们的枝头发出的则是很强的气势。

如果忽视这种不同的气势来进行植物配置的话，园林就会失去协调性，给人一种不稳定的感觉。在植物配置时，避免无形的线条之间的抗衡，尽量保持统一性，就可以制造出构图均衡的空间。

丛植方法和活用树木"气势"的方法

将两棵以上的树木以组合方式栽植的方法，称作"丛植"。

●不同树木所具有的"气势"

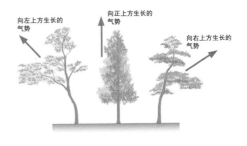

向左上方生长的气势

向正上方生长的气势

向右上方生长的气势

与孤植不同，丛植时不能使所有的树木都面向正面进行栽植。这是因为要使树木之间相互补充协调，形成具有整体性的景观。在恋人之间，比起两人并排坐面向前方的构图，相对而视的画面更加和谐，丛植也是同样的道理。

①两株配合丛植的情况

丛植树木为两株时，有主景树和副景树之分，需要明确其主次关系。为避免并列种植树木时布局单调、减少景观情趣，一般主景树的斜前方或斜后方种植低于主景树的副景树。

栽植时应做到以下两点：一、可以很好地观赏到两棵树的树干倾斜方向和树枝延伸方向，二、两棵树的整体气势是从地下某一点向上呈放射状延伸。但需要注意的是，如果两棵树横向的气势过强，会造成视觉上的失衡感。

另外，从观赏位置来看，栽植时要避免两棵树呈现出交叉的形态，或气势呈现出正面冲突的情况。因为在这种情况下，随着树木的不断生长，树枝会不断延伸，两棵树会呈现出一种对峙的状态。

②三株及以上配合丛植的情况

丛植树木为三株时，除了主景树和副景树，还加入了对比树。

此时的栽植方法是：可以清晰地观察到三棵树各自的形态，三棵树的整体气势是从地下某一点向上呈放射状延伸。

另外，种植三棵树时，以三棵树根部为点，三点相连构成三角形。此时的平面构图应为不等边三角形。在此之上，以三棵树树冠为点，三点相连构成的三角形也应为不等边三角形。这是自然式栽植的基本原则。

丛植的树木为三株以上时，以孤植、两株配合丛植、三株配合丛植为基础，进一步组合成更多的不等边三角形。

与规则式园林不同，日本园林追求自然原本的不对称，重视"不对称之美"。

常绿树与落叶树相协调

除了树木的气势和配置外，利用两种及以上的树种组合，可以产生各种不同的布局。

每种树都有其独特的美，按树叶的形状分类，可将树木分为针叶树和阔叶

●孤植（一株）

气势

气势　　气势

孤植时，将树枝均匀分布，气势整体一致的正面面向观赏位置。

●两株丛植

气势　　　气势

两株对植时，基本原则是从观赏位置看到的树木气势左右均等。

误例①：从观赏位置看，两棵树的枝干相互交叉

气势

误例②：从观赏位置看，两棵树的气势相互冲突

●三株及以上丛植

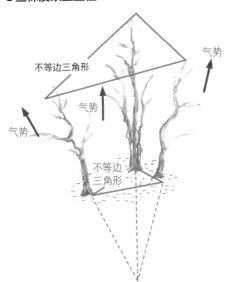

气势

不等边三角形

气势

气势

不等边三角形

三株丛植的栽植方法：三棵树的整体气势是从地下某一点向上呈放射状延伸，基本原则是树冠和根部结点相连后的立体图和平面图都应为不等边三角形。

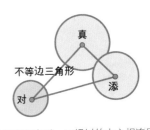

真

不等边三角形

对　　添

从平面图来看，三棵树的中心相连后的图形为不等边三角形。

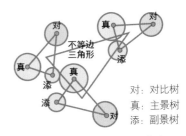

对　　真　　对

不等边三角形

真　　添

添　　真

添

添　　对

对：对比树
真：主景树
添：副景树

三株以上丛植时，以三株丛植为基础，进一步组合成更多的不等边三角形。

25

在秋天的东京六义园内，常绿树和落叶树的颜色对比甚是美丽

树；按冬季落叶与否分类，可分为常绿树和落叶树；按树型高矮分类，可分为乔木和灌木。在进行植物配置时，最重要的是根据每种树的特点对不同树种进行组合，特别是在常绿树和落叶树的搭配比例方面。

如果常绿树过多，深绿色多少会给园林增添凝重的气氛；相反，如果落叶树太多，不仅会使冬季的园林过于枯寂，落叶季节的园林打扫也会耗时耗力。

一般情况下，采取在常绿树中夹杂种植落叶树的方法。以常绿树为主色调，再用花树和杂木等落叶树为园林增添时令色彩。

●近景、中景、远景的构图

①俯视图中近景、中景、远景的配置

暗示延伸至构图外的景物

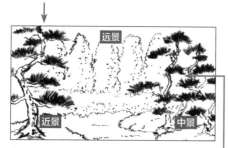

②在近处从正面看到的视觉范围

对被遮挡部分的期待感

通过植物配置的技巧展现空间的宽阔

实际上，为了引人入胜，往往在园林中融入很多巧妙的设计。其中之一就是利用近景、中景和远景的植物配置方法。

通过植物配置，制造出近景、中景和远景，避免视线聚焦在某一点上，表现横向的广度和纵向的深度。另外，通过制造景物的重叠，使景物若隐若现，使人对被隐藏的景物抱有期待感。

近景、中景和远景的布局可以表现丰富的层次变化，在不经意间引人入胜。

像这样通过植物配置来展现园林优美景色的工作，不仅需要造园家和园林建造师基于经验的感性认识，植物配置的维护和管理也是必要条件。

在现代社会中难以维持的借景

自古以来，在视力所及的范围内，将山、海、河、树林、竹林或建筑物等优美的景色作为园林中重要的一部分组织到园林视线中的构景手段被称为"借景"。

京都洛北的圆通寺和正传寺是以比叡山为借景而闻名的园林。小川治兵卫所建造的无邻庵则展现给观赏者园林与东山连为一体的风景。

但近年来，在山等使借景内容和园林之间建起了现代化的建筑物，借景存在很大的问题。

随着土地开发的推进，以远眺为条件的古代借景园林，面临存续危机。距离龙安寺很近的京都等持院园林，过去以北边的衣笠山为借景，但由于附近建起了大学校舍，其优美的景色已不复存在。针对此问题，京都市于2007年制定了《眺望景观创生条例》，对指定区域内建筑物的高度、设计和颜色等标准都进行了明确规定，从而保护了自古以来的借景。

让我们再将视线转向小石川后乐园，一进入园林大门，首先映入眼帘的是位于园林中部的东京巨蛋屋顶和右侧的高层建筑。古老的园林和最先进的建筑物是否真的可以构成现代版的借景呢？

能看到后方的东京巨蛋和高层建筑的东京都小石川后乐园的风景

3 日本园林中所使用的役木种类

自古传承至今的役木所营造出的景观

著于江户时代后期的《筑山庭造传·后篇》中，记述了自古代园林中就出现了的"役木"。所谓"役木"，正如其字面所表达的意思一样，是承担某种作用的树木，一般被种植在园林中重要的位置，或凸显景物情趣，或与其他景物相协调，或陪衬其他景物。

正真木：园林的主景植物，即今天所说的纪念树。被置于景观中心，多用松、罗汉松、细叶冬青、厚皮香等常绿乔木。现在较受欢迎的树种是丛生落叶乔木。

景养木：被用于与正真木作对比，起景观性辅助作用的树木。当正真木是松树等针叶树时，景养木为阔叶树，可以增加景观趣味。

寂然木：南面的庭园中靠东侧种植

的配景植物，常用常绿树。栽植时，一般选用树干和枝叶形态优美的树种，以便透过枝叶看到清晨耀眼的阳光。

夕阳木：与寂然木相反，于南面的庭园中靠西侧种植的配景植物。为了达到夕阳映红叶的效果，以槭树等浅绿色的红叶树为宜。

见越松：作为背景树，衬托前面的景物，除了松树，还常使用其他树种。

飞泉障木：栽植于瀑布前，目的是遮挡部分瀑布，制造幽邃的意境，使观赏者可以玩味深山情趣和树木因瀑布溅起的水滴而摇曳的样子。

灯笼控木：栽植于石灯笼的侧面和后面，起遮挡石灯笼的作用，常用常绿树。

灯障木：栽植时，应使树叶可以遮挡住石灯笼的火源，常用槭树等枝叶柔软的树种。据说，过去夜晚点亮石灯笼后，

选自《筑山庭造传·下篇》 ※图中文字出自作者

欣赏随灯火摇曳的树影是庭院情趣之一。

垣留木： 栽植于袖垣的梁柱旁，常用梅树、柿树、槭树等。只有栽植梅树时，才被称作"袖香"。

庵添木： 常栽植于茶庭中的茶室檐、腰挂、待合和亭榭附近，增加庭园情趣。可以理解为现代栽种在建筑物旁，保持布局和谐的树木。

桥本木： 栽植于桥旁，用于表现枝叶在水中倒影的庭园情趣。树种以枝叶柔软的垂柳和槭树等为宜。

钵请木： 蹲踞和房屋外廊边的手水钵处的配景植物。栽植的位置以枝叶可以遮挡手水钵的钵口为宜，也被称为"钵围木"。

井口木： 栽植于井口和井围旁，增加情趣，常用松树、梅树和柳树等。

门冠松： 虽然在古书的分类中没有记载，但自古就作为役木的一种被使用。栽植于正门左侧或右侧，树叶向上延伸至门扉，形成独特的大门构造。主要为红松、黑松等，有时也用土松、罗汉松代替。

虽然现在人们不太会刻意地运用上述利用役木营造景观的方法，但其中一部分已经被惯性地继承下来。

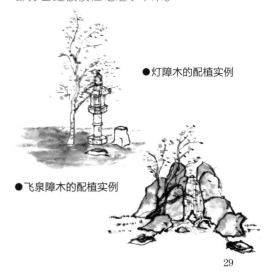

●灯障木的配植实例

●飞泉障木的配植实例

4 日本园林和花的栽植

日本园林中原本没有花的存在

在第一章已经为大家介绍了日本园林的基本样式，大家是否意识到了照片中完全没有花的存在呢？与四处花团锦簇、争奇斗艳的西方园林不同，日本园林可能是受禅宗影响，一直极力排斥花卉的使用。

但同为园林元素的石头却历经多个时代保留至今。花的生命过于短暂，转瞬即逝，可能是因为被遗忘于时间长河中，所以在日本园林史中关于花的记述也极少。

如此想来，爱美的丰臣秀吉应该在聚乐第的园林内栽植过花。事实上，据耶稣会的传道士路易斯·弗洛伊斯的《见闻录》中记录，当时的公家和武家的宅邸中，栽植了百合、雏菊和玫瑰等，园内四季开花。

自平安至室町时代的花卉用途

追溯至平安时代，《源氏物语》中出现了光源氏命人建造了"四季庭"，根据书中的描述，园中的前栽（种有草木的园林中的树丛）有樱花、紫藤、棣棠、杜鹃等花树和瞿麦、龙胆等花草。这种前栽正是平安时代园艺的体现，可爱的花草和花树是季节更替的标志。

到室町时代，在伏见宫家第三代的贞成亲王所著日记《看闻御记》中，有"在庭园中建造花坛，种植花卉"的记述。这里的"花坛"一词，是日本文献中出现的关于此词的最早记录。

建造于这个时代的京都银阁寺中的花坛"仙草坛"被留存至今。

举世无双的园艺文化在江户时期得到发展

到了江户时代后期，罗伯特·福琼等来自英国的植物标本采集者都惊叹道，"江户是世界闻名的园林城市"。

在东京都堀切菖蒲园可以看到种类众多的花菖蒲

当时，拥有江户大部分土地的武家建造了很多豪华的大名庭园。另外还对牵牛花、菊花、牡丹、花菖蒲、万年青等园艺植物进行了品种改良，出现了花卉园艺业，出版了数量众多的园艺书籍，江户的园艺文化在当时领先于世界。

现在，在向鸟百花园和堀切菖蒲园仍可以大致了解当时江户的园艺文化。向鸟百花园是由当时的古董商佐原鞠坞在江户交往的文人墨客的帮助下自费建成的园林。而堀切菖蒲园的起源是当时的农民小高伊左卫门出于兴趣收集各地花菖蒲，并开始在庭园内进行栽培。所以当时的农民也为发展江户花文化贡献了力量。

从中我们可以看出，在一段较长的历史时期内，日本园林中都有花的存在。

在向鸟百花园中，栽植了中国和日本古典中咏诵的有名的植物。典型的有美丽胡枝子，现在美丽胡枝子隧道已经成为名胜

5 支撑日本园林文化的苔藓之美

日本园林布局中不可缺少的苔藓

近年来，在一部分的苔藓爱好者中掀起了一股"苔藓热"，利用苔藓制作像绿球藻一样的苔藓球、苔藓盆栽和苔藓盆景等室内装饰物，供人们欣赏其中之美。

日本最早发现这种苔藓的魅力并将其引入园林中，之后苔藓便作为传统日本园林中不可或缺的一部分存续至今。

虽然现在还不能确定日本从什么时候开始在园林中加入苔藓植物，但在平安时代后期的《作庭记》中，有"应栽植苔藓于各处"的记述，从中可以看出，日本园林中自古就有苔藓的存在。

苔藓本是低等植物，开不出美丽的花朵，在西方园林中，也不被当作有较高利用价值的植物。然而日本园林却发现了苔藓的魅力所在，并在造园时将其作为园林主要元素。日本园林这种独特的审美意识确实值得一提。

特别是在茶庭中，为了表现园林的幽深之美，苔藓经常作为装饰地面的重要组成部分出现。

四季常绿的苔藓植物

在日本，野生苔藓的种类多达两千种。通常在园林中使用的苔藓种类以桧叶金藓为首，有羽藓、大灰藓、白发藓、大桧藓、砂藓等。

长满苔藓的园林景观石也为日本园林增添了情趣

以苔寺著称的京都府西芳寺的苔庭

苔藓原本就可以在任何地方生长，如果满足适当的日照条件、湿度、通风等条件，就可以使其自己生长。

在园艺师中，有这样一句话，"将苔藓种植于有朝露的地方"。朝露是夜间向上蒸发的水蒸气在遇到清晨的冷空气后形成的液态水滴。在有朝露的地方，来自地面和草木的水分蒸发活跃，湿度较高。

苔藓喜爱阴暗潮湿的环境，清晨吸收朝露，舒展茎叶，沐浴朝阳，进行光合作用。白天气温升高，湿度下降，所以叶片气孔关闭，停止光合作用。这是苔藓的生长习性。

苔藓四季常绿，随岁月流逝，更添深意。

专栏

"苔寺"原本无苔？

以"苔寺"闻名的京都西芳寺园林内，地面就像铺了地毯一样，全部被苔藓覆盖。

西芳寺是由梦窗疏石于 1339 年重建而成的临济宗寺院。据说，当时庭园内完全没有苔藓，只有白沙青松的景物。

西芳寺因应仁之乱，寺内建筑几乎全部被毁之后，在室町、桃山、江户这很长的一段时期内，一直处于被荒废的状态。在这段时间内，园林随着环境条件的改变，逐渐变成了原生森林的状态，地面全部被苔藓所覆盖。

西芳寺的苔庭展现给人的完全是由大自然和悠久的时间共同孕育而生的，超越人类智慧的美。

6 保持园林之美的树木栽植管理

树木一般带土球栽植

到现在为止，我们已经为大家介绍了日本园林的栽植技术，那么如何对园林进行维护呢？首先让我们来看一下树木的栽植方法。

去过花木市场的人应该看到过苗木根部的土球上有草绳等包裹物吧。第一次尝试栽植树木的人都会细心地解开土球的包裹物，如果附在土球上的母土没有散落，这样做也未尝不可。但通常作为土球包裹物的草绳和草垫等都会在土壤中被很快分解，所以一般不解开直接埋入土中。

但在北海道和东北地区等天气严寒地区，冬季进行栽植时，由于草绳和草垫等包裹物的分解速度缓慢，会影响根毛对养分和水分的吸收，一般会将其解开再进行栽植。

另外，因栽植时苗木已提前断根，其吸收水分能力较平时弱，所以在栽植前会对枝叶进行部分修剪，防止苗木水分过度蒸发。

在对刚栽植后的树木管理上下功夫

移植的顺序为：

第一步：决定移植位置并挖坑。一般要求定植坑的宽度要大于根冠直径，深度要高于垂直根，坑的底部应充分翻土，保持良好的透气性。第二步：栽苗。将苗木带土球一起放入定植坑中，并旋转调整好树木的朝向。第三步：回填土。回填土时，应先填入一半的土，然后注入充足的水，将混合后的泥土用棒子进行搅拌，或晃动苗木，使泥土布满树穴与土球间的缝隙，以防根系"架空"。之后，再用同样的方法重复几次进行回填土。这种方法在日语中叫作"水ぎめ"，

树木的栽植方法

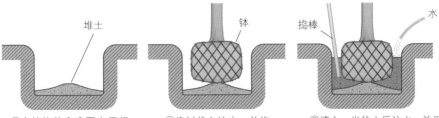

①定植坑的宽度要大于根
冠直径，坑的底部堆土
成山形。

②将树栽入坑中，并旋
转调整树木的朝向。

③填入一半的土后注水，并用棒子
进行搅拌，再用同样的方法重复
几次进行回填土。

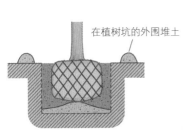

④定植埋土完成后，在植树坑
的外围堆土筑起"水钵"。

⑤在"水钵"
内灌满水。

大多数树种移栽时都采用这种方法。第四步：定植埋土后，在植树坑的外围堆土筑一圆形土堰。这种土堰被叫做"水钵"，是在苗木完全成活前，做灌水或蓄雨水之用。等树木完全成活后，土堰会影响排水，所以到那时再将土堰推平。第五步：在水钵内灌满水。对于刚完成栽植的树木，必须进行精心的管理。为避免树木受到强光照射、大风、冷风等影响，应对树木进行必要的包扎和支撑。这些场景可以在刚建成的园林、公园和街道见到。

符合风土气候的日本园林修剪技术

日本四季分明，夏季高温多雨，常受台风、地震、水灾、大雪等自然灾害影响。在这种复杂的自然环境中，保持园林景观优美不是一件易事。尤其是，对于需要数十年、数百年时间长成的树木，如果稍微放松管理，枝叶就会迅速生长变多，导致树形凌乱，影响美观。

但前人们在深入学习树木知识、反复进行试验的同时，总结出了每种树木独特的修剪方法。在之前提到的《山

香川县栗林公园的鹤龟松枝型优美。因家老[21]痴迷于松树修剪，耽误了进城晋谒的时间而被罚俸百石[22]，所以又被称为"百石松"。

水并野形图》一书中，记述有如下详细的修剪方法。

此书开篇第一句为，"树枝间应流出空隙，树木的正面应很好地展现树形"；此外，书中还记述了，"应剪去影响树形的不好的枝干""不可以剪去大树的梢头""对于树枝横向延伸的树木，应在很好观察树形的基础上修剪，营造情趣"等。

这些自古延续至今的修剪方法，是前人们在对几百种树木分别进行仔细观察后总结出的经验之谈。但现在看来，这些方法都有充足的科学依据。

日本的修剪技术经过长期的实践和总结发展而来，是世界上分类较为详细的园林修剪技术，这一点不无道理。正因为有如此精湛的修剪技术，我们才可以保持今天日本园林独特的非人工的自然美。

修剪出松树独特的枝型

接下来，我们就以松树为例，看一下树木的修剪方法吧。

正如"白砂青松"的名字一样，可以说日本美丽的海岸风景中一定有松树的存在。在日本园林中，松树也被作为主景植物栽植于池边和中岛。

为了保持松树的傲骨风姿，先人们总结出了只适用于松树的特有的修剪方法，即"摘芽"和"剃鬓角"，其最大的特点是不使用园林剪刀进行修剪。

"摘芽"：春天发于枝头的新芽被叫作"新芽"。这种方法是在新芽长成树枝前，从一开始就将其摘除，减少树枝数量；或在其长到一半的时候摘除调整树枝的生长速度的修剪方法。如果不进行"摘芽"，新芽生长过快就会大大影响松树傲然挺立的树形。"摘芽"必须用手一枝一枝地摘，如果用园林剪刀修剪，叶子会一起被剪掉，剪口形状不美观。在"摘芽"时，需要进行精心地安排，即在想象松树将来的形态的同时，考虑每枝新芽的去留和"摘芽"的数量。

"剃鬓角"：又被称作"薅老叶"或"摘老叶"，即保留"摘芽"后长出的当年的新叶，用手搓着捋掉老叶的过程。这样做不仅可以使松树保持挺立的树形，也可以保证松树日照充足和通风良好，从而抑制病虫害发生。

在俳句秋天的季语中，有"修剪松树"一词，从中可以看出，从古代起，就有松树"剃鬓角"这项深秋的例行作业。

流行于桃山时代至江户时代的"刈込"

"刈込"（型篱：修剪过的灌木篱笆。型木：修剪过的灌木丛）是将树木修剪为规则的人工式树形的修剪方法，在西方园林中自古延用至今。在日本普遍认为，"刈込"是从室町时代后期开始逐渐被用于树木修剪，之后可能是出于新奇，这种修剪方法从桃山时代开始一直流行至江户时代。主要用于映山红、杜鹃和黄杨等树种。

桃山时代，也是路易斯·弗洛伊斯等基督教传教士大量访日的时期，所以

●松树的"摘芽"

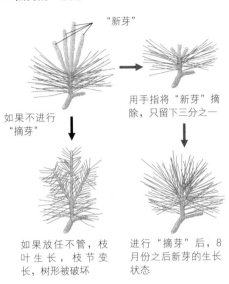

"新芽"

如果不进行"摘芽"

用手指将"新芽"摘除，只留下三分之一

如果放任不管，枝叶生长，枝节变长，树形被破坏

进行"摘芽"后，8月份之后新芽的生长状态

●松树的"剃鬓角"

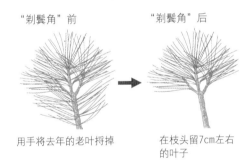

"剃鬓角"前

"剃鬓角"后

用手将去年的老叶捋掉

在枝头留7cm左右的叶子

西方园林的整形修剪手法可能是由他们传入日本的。

虽然乍一看，"刈込"与自然式日本园林似乎并不和谐，但这也如实体现了吸收不同文化的日本园林的博大胸怀。在位于京都洛北的正传寺、诗仙堂和曼殊院等江户时代的枯山水园林中，被修

一面高大的"绿墙"是通往银阁寺的必经之路

剪成球形的"刈込"和白砂在形成鲜明对比的同时，达到和谐统一，营造出一种温和典雅的气氛。东京六义园中的"刈込"使得池边的风景呈现出活泼生动的景象。但"刈込"只要枝叶稍微有所生长，树形就会被破坏，影响美观。为了保持树形的整齐美观，每天要花费大量人力进行修剪。

传说由小堀远州所作的冈山县高梁市的赖久寺园林，是从桃山时代开始建造，于江户时代初期完成的枯山水园林，园林中大片映山红的"刈込"是其最大的特征。修剪成大波浪形的"刈込"可能在当时是非常前卫的造型。

赖久寺园林可能是现存最早的有"刈込"的园林，虽然现在距离造园当初已经过去了四百年，但其造型之美仍然保持如初，只有非一般的努力才可以做到这种常年的维持管理。

用萌芽力强的常绿树做型篱

"刈込"也被修剪成围墙的形状，作为建筑物和园林的外围被使用。以萌芽力强、枝叶茂密、茎蔓粗壮的常绿树为主。

著名的有京都银阁寺的自总门至中门的参道两旁的高墙。在石墙之上修葺竹墙，再在竹墙之上种植离地面五米之高的灌木篱笆。其中，以麻栎为主，另有野山茶、茶梅和日本毛女贞等树种混合栽植而成的灌木篱完全是一面绿墙，它作为通往银阁寺的必经之路，为人们提供了一种全新的空间。

注：
21 家老：日本江户时代在大名家中统管藩政的重臣。
22 石：日本江户时代俸禄的单位。

沿用至今的园林工具

由秋里离岛于江户时代后期（1828年）发行的《筑山庭造传·下篇》曾是当时最畅销的一本造园指导用书。这本书中登载了一幅题为"造园工具"的示意图。

以我们今天所说的园林剪、刘达铁、高枝剪、截锯等修剪工具为首，大部分园林工具都和过去几乎一样。每种道具所具有的功能都是自古沿用至今的，并将永远地被传承下去。

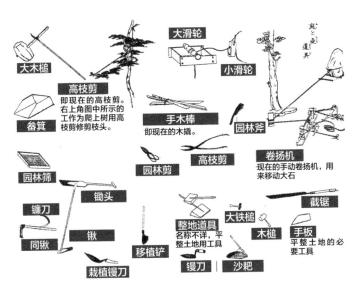

大木槌

大滑轮

小滑轮

高枝剪
即现在的高枝剪。右上角图中所示的工作为爬上树用高枝剪修剪枝头。

畚箕

手木棒
即现在的木撬。

园林斧

园林筛

园林剪

高枝剪

卷扬机
现在的手动卷扬机，用来移动大石

镰刀

锄头

同锹

锹

整地道具
名称不详，平整土地用工具

大铁槌

移植铲

木槌

截锯

手板
平整土地的必要工具

栽植镘刀

镘刀

沙耙

出自《筑山庭造传·下篇》中的"造园工具"。

注：图中的文字出自作者

7 表现冬季园林景色的植物冬装

当树叶逐渐染上金色，一片片从枝头掉落时，园林也就马上要开始做过冬的准备了。细心地为园林穿上冬衣，保护园林内的植物免受寒冻，也是园艺师的重要工作之一。

园林的冬季防护不仅起到防寒、防雪的作用，而且兼具装饰性，通过装点景色来营造出冬季独特的情趣，因此又被称为"园林的冬装"。冬季园林别有一番情趣，所以请大家一定去欣赏看看。

象征入冬的六义园"吊枝"

"吊枝"是在北海道、东北和北陆等冬季降雪量大的地区，为防止积雪压断树枝，同时为了达到装饰效果，而对红松和黑松进行的作业，是石川县金泽市兼六园的著名景色。

"吊枝"作业对作业人员的熟练性有很高的要求，树身较高时，需要在相当于数层楼高的地方进行作业，具有一定的危险性。

兼六园的"吊枝"作业是从每年的十一月一日开始，到十二月中旬左右完成的。在兼六园，每年无一例外地都会从名为"唐崎松"的松树开始进行"吊枝"作业。唐崎松树高 9 米，冠幅 20 米，胸径 2.6 米，以园内最大和树型最美著称。这棵树的吊枝作业共需要五根支柱和总计约 800 根绳子。

以五名专属园林建造师为主，共涉及约600名匠人的石川县兼六园的"吊枝"作业

吊枝的拆除作业从每年的三月中旬左右开始，拆除作业的结束也意味着北陆地区的漫漫长冬即将过去，温暖的春天即将来临。

兼具防寒与装饰景色作用的"稻草帽"

在收割后的水田里，将稻草扎捆干燥的场景总能让人怀念冬天乡村的山中景色。于是，人们发明了兼具防寒和装饰作用的"稻草帽"，将这种山中景色引入园林中。这种防护作业主要用于草珊瑚、朱砂根和紫金牛等树高不足一米的常绿灌木和矮树。从"稻草帽"这个名字上看，它也可以说是保护草木的帽子。

"稻草帽"一般是将稻草编成笠状，再将其盖在用劈开的竹子做成帐篷的骨架上。此外，在没有树的园林内，"稻草帽"也可以装饰园林景色，营造冬天特有的情趣。

产自南国的苏铁变身"稻草帽"

从开天窗的稻草帽中可以看到树木

41

防止树木枯死的"缠干"

　　"缠干"是指在冬天将稻草和麻片包裹在树干上防寒的作业。在树木表皮层和木质部间有一形成层，树木从根部吸收水分经这里运输至枝叶。但在冬天树木进入休眠期后，树木从根部吸收水分运输至枝叶的能力变弱，有的树种会完全停止吸收水分。

　　因此，有时树木形成层在冬季完全干燥，再受冷风吹后，就会彻底枯死。"缠干"就是预防这种现象发生的作业。另外，在夏季，由于树叶水分蒸发快，形成层会因强光照射而缺水，致使树干烧伤，所以夏季也会对树木进行"缠干"作业。

　　"缠干"原则上是将稻草和麻片从根部开始向上缠绕，不断向上重叠缠绕后，最后用草绳和棕绳捆扎固定。如果方向相反的话，稻草和麻片内就会聚积雨水，最终腐烂。

自下而上缠上稻草的枫树树干

最近为了提高工作效率，开始较多使用缠树带代替稻草和麻片。使用时像包裹绷带一样，将缠树带缠在树干上，但装饰园林景色上不及稻草和麻片。

保护苔藓在冬季不受霜冻的"松针地膜"

"松针地膜"是指为了防止地表冻结和干燥，保护苔藓在冬季不受霜冻，而用干枯的松针布满苔藓表面。在苔藓表面覆盖"松针地膜"是在降雪率较低的寒冷地区必须进行的例行作业。

另外，"松针地膜"还被用于茶庭中，做装饰冬景之用。

"松针地膜"只使用红松的叶子，过去是收集自然掉落和进行"剃鬓角"作业时掉落的叶子，最近市场上也开始出售用作"松针地膜"的松针。

松针既可以防止地表冻结和干燥，也可以营造草木枯萎的冬景

第三章

构成园林水景的池泉及瀑布的基础

以水景名胜而著称的东京都小石川后乐园的瀑布

1 池泉的作用和建造方法

日本的园林文化始于池泉

正如已经在第一章介绍过的，日本自古就有"园林＝池泉"的说法，所以，日本园林文化是以池泉为中心展开的。

对于生活在四面环海的岛国的日本人来说，大海既给予了他们大自然的恩惠，同时也为他们带去了以佛教为首的各种大陆[23]文化，有时还会给他们带来沉船的恐惧。所以，也就不难理解为什么自古日本人就相信大海中有超越人类智慧的神灵的存在了。

造园在当时也被认为是代替神灵创世的象征，所以当时的掌权者在园林里建造象征大海的池泉，提升自身的权威。

如此，日本园林到室町时代为止，一直以池泉为主得到发展。池泉的种类在第一章已经有所介绍，这里就池泉其他的作用进行介绍。

桂离宫的池泉水引自桂川，为京都的治水做出了很大的贡献

池泉可做调节池和治水之用

从飞鸟、奈良时代起，日本园林的水池就是从流经附近的河水和泉水引流建造而成的。所以，园林的水池也刚好承担了调节池的作用。

所谓调节池，即发生局部地区短时暴雨时，通过对河水分流，短时蓄水，实现防洪的水池。在京都，有鸭川、桂川、宇治川、高野川等多条河流，这些建造于平安时代的水池一直保护着京都，使之不受洪涝之害。

之后，建造于江户时代的池泉就开始有明显的调节池功能。例如，桂离宫东侧紧邻桂川，从桂川引水造泉，使其具有调节池的作用。原本桂川所在的区域就是一个多水灾的地方，所以桂离宫的古书院、中书院和新御殿都建为高床式，以防桂川河水泛滥。

用野生的竹子制作而成的桂篱被用于预防水灾

另外，桂离宫的东侧一带是竹林，将长于边界上的野生竹子折弯后编成的银阁寺垣（竹篱墙），沿桂川堤坝绵延200多米。据说，竹篱墙可以在桂川河水泛滥时起到缓解水势的作用。

在江户时代，以江户为首，在各地都建造了拥有大型池泉的大名庭园。此时，治水技术得到了很好的发展，因当时流传"治得水者方可治天下"，所以凡为政者都积极推进治水事业。

●"袋打"造池方法的截面图

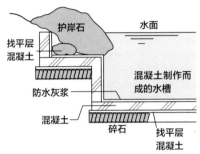

护岸石　　　　水面
找平层
混凝土
　　　　　　　混凝土制作而
防水灰浆　　　成的水槽
混凝土
碎石　　找平层
　　　　混凝土

●用防水布造池的截面图

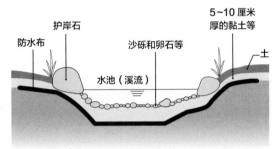

防水布　护岸石　　　　　　　　　5~10厘米
　　　　　　　　　　沙砾和卵石等　厚的黏土等
　　　　　　　　　　　　　　　　　　　土
　　　　　　　水池（溪流）

据说，过去在江户城曾有大小千余个大名庭园，集中分布在以现在的皇宫为中心的城市中心地区。当时庭园中的水池主要是从隅田川、神田川和日本桥川等河流处引水建造而成的，在河水上涨时，很好地发挥了调节池的作用。

在现代，将调节池作为庭园配备，向居民开放的情况也很常见。园林不仅有观赏价值，也承担着治水的重要作用。

过去用较厚的黏土层造池

在过去的日本园林中，园林建造师用黏土造池。即先在池底铺满 50 厘米厚的黏土，再在黏土层上铺满沙砾和碎石。

造池最重要的是绝对不能漏水。所以，为了防止漏水，必须使用大量黏土，而且这是一项极费人力的工作。当时应该利用了人海战术[24]，投入大量的匠人进行造池。

即使是现在，小型水池的建造有时也会采取和过去一样用黏土造池的方法。

现在主要使用混凝土造池

现在，正式的园林水池都是由混凝土制作而成的。

但水池仍需要自然情趣，所以必须辅以护岸石等的造景。在这种情况下，过去会根据水池的形状挖坑放置护岸石，然后在水池底部和侧面嵌入混凝土。但用这种方法建造水池时，石头和混凝土的接缝处总会漏水，所以开始普遍使用"袋打"的造池方法。

所谓"袋打"，即事先按照水池的大小用混凝土制作一个水槽，然后再在水槽内部组合放置护岸石的造池方法。

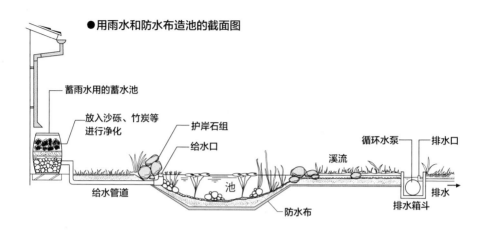

●用雨水和防水布造池的截面图

蓄雨水用的蓄水池

放入沙砾、竹炭等进行净化

护岸石组

给水口

循环水泵

排水口

溪流

给水管道

池

防水布

排水箱斗

排水

用更方便的防水布造池

更简单的方法是使用防水布进行造池。这种方法较多用于小型水池，在池底使用聚氯乙烯树脂和橡胶制成的防水布。近年来，在学校和一些地区大力推行的生物生境营造也较多使用防水布。

可以按照水池的形状和大小，将防水布进行折叠、弯曲，或用剪刀剪成需要的大小，再用专用黏着剂黏合使用，所以可以制造各种各样的水池。

但即使用防水布也要表现自然景致，所以通过在池边护岸放置岩石或栽植花草，使其和园林融为一体。

保证水源和循环过滤的方法

在现代的小型园林中，只有水源非常充足的情况下，才可以自由使用河水、泉水和地下水等，所以在造池时，同时使用雨水和自来水。

在家里的庭园中也可以使用的最简单的方法是，将雨水储存在蓄水池中，在蓄水池中放入沙砾等（以竹炭等为宜）进行净化，用管道注入池中。

另外，虽然要保持水池干净清澈的状态，但如果水池内有鱼等生物的话，排泄物和鱼食等会沉积在池底。因此，在正式的园林水池中，会通过使用循环过滤装置不断更换池水，保持池水的流动性。

注：
23 大陆：这里的大陆应指代中国。
24 人海战术：这里指投入大量人力完成一项工作。

2 溪流和瀑布的设计方法

忠于自然的园林溪流

　　水，无色亦无形。但园林中的水会展现出各种形态。既细腻，又豪放，时而安静，时而汹涌。

　　溪水展现的是水清新的一面，瀑布展现的是水活泼的一面。

　　在平安时代的寝殿式园林中，有被称为"遣水"的涓涓细流，溪水在这一时期得到了最快的发展。

　　所谓遣水，即从屋外的喷泉引水，经过游廊，注入池中。另外，平安时代的贵族们在举行宴会时，会让水流过临时挖的土坑来制造溪流，享受其风雅情趣。

《作庭记》中记述的溪流造法

　　著于平安时代末期的造园专书《作庭记》中，关于"遣水"（即溪流）记述有如下的内容。

　　"遣水"分为两种，一种是山间急流，一种是平原缓流。

　　就山间急流来说，书中有这样的记述，"遣水称谷川样者，其形犹似泻出于山谷间之湍流激水"，为了表现这种景象，另记述有置石的方法。石头在表现溪水和瀑布的跳跃感上承担了重要作用。

　　置于水下的石头称为"底石"，分流的石头称为"水切石"，支撑大块护岸石的石头称为"诘石"，置于两岸缩小水流宽度从而形成浅滩的石头称为"横石"，在水下使水流向上涌起的石头称为"水越石"。这些石头因使用方法不同作用也各不相同。书中解释道，"表现上游湍急的水流时，在池底铺放卵石等粗石；表现相对缓慢的中游水流时，在池底铺放沙砾等细石；下游则铺放类

明显地体现出《作庭记》中筑造方法的岩手县毛越寺的溪流

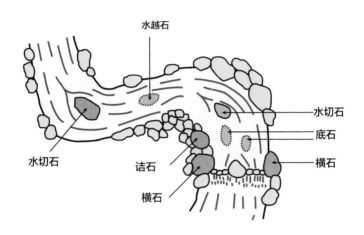

●《作庭记》中记述的营造溪流的役石的配置

水越石

水切石

底石

横石

水切石

诘石

横石

似沙子的细石。像这样，从上游到下游，通过放置石头由大到小的变化，来表现溪流不同的状态"。

"护岸不可以使用抹煞溪流形态的大石块。另外，沿溪流边栽植时，也要避免使用长势茂盛的植物，以桔梗、黄花龙芽、地榆和紫萼等开在原野里的可爱花草为宜。"

在这里我们看到的是最基本的溪流建造方法，即使在现在也没有任何改变。可以说日本园林的溪流建造方法从过去开始就已经很成熟了。

通过瀑布的造景表现自然山河

山中必有急流，有急流处必有瀑布。

在日本有很多美如绘画的瀑布，如日光市的华严瀑布、那智胜浦的那智瀑布、神户的布引瀑布等。在京都近郊的山边，也有很多景致优美的瀑布，从平安时代起，王公贵族们将瀑布之美作为园林的主景构成来表现。

当时的瀑布，自然不像现在可以利用水泵使水循环使用，而是利用自然水利制作而成。因此，位于地势平坦的平安京城内的园林瀑布的落差最多也只有一两米。

但为了在有限的高度内表现泻于山谷间的自然瀑布的动感，当时的人们研究出了多种多样的瀑布筑造方法。

瀑布的形式已于平安时代末期确立

在《作庭记》中，有一章节题为"立泷次第"，作者在这一章节中，细致入微地就瀑布叠石的构成和瀑布落式的各

●《作庭记》中记述的瀑布形式

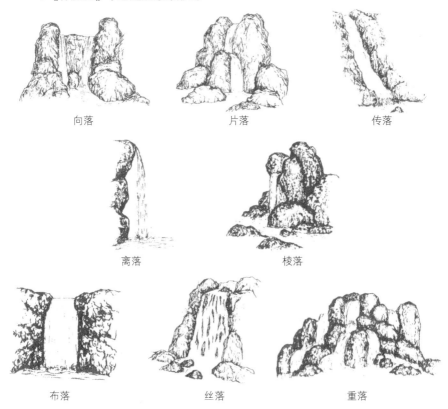

向落

片落

传落

离落

棱落

布落

丝落

重落

种形态等进行了说明。其中，瀑布的落式大致可以分为如下几类：

向落： 双股相向瀑布，同形规整而落。

片落： 于瀑潭处置石，若水偏左落下，则向左偏置受水之前石，其宽、高皆为水落石（瀑布顺其落下之石）之半。令偏左下落之水，碰击前石，水沫飞溅，转向右侧偏落。

传落： 流水顺石礐[25]接传而下。

离落： 置立面上棱角前突之水落石，

其上水不停滞，急流飞泻，延高壁悬落而下。

棱落： 瀑布水落面向旁稍侧，正向可见其瀑布之侧棱。

布落： 置表面平滑之水落石，令水缓流而下，看似晒布状。

丝落： 筑立石面上端棱角纷起之水落石，水经其上，众条分流，成丝丝落水，持续而下。

重落： 水落石呈二重、三重叠立，依瀑布之高度，令其成数重叠落。

与溪水相同，瀑布落式在平安时代后期也基本完成，这里介绍的瀑布落式，也自古传承至今，毫无改变。

出自小川治兵卫之手的京都府无邻庵的三段瀑布

役石[26]决定瀑布形式

在瀑布石组中，自古就有如图所示的各种役石。根据置石方式的不同，所筑造出的瀑布形式也不同，由此可营造出独特的园林景观。

水落石： 瀑布石组中最重要的构石，置于瀑布口。

泷添石： 置于水落石两侧的配石，通过改变瀑布口的形状大小，为瀑布形状赋予变化。又被称为守护石、不动石和胁石。

童子石： 置于泷添石旁的配石。

受水石： 置于瀑潭处的配石，用以欣赏跳波溅瀑和落水之声。

分波石： 置于瀑布口的配石，用以分流。

分水石： 置于瀑潭附近和细流处，用以分流。

回叶石： 置于距瀑潭稍远的溪流浅处的平滑配石，使水流跳动、形成波浪。置此石的目的是欣赏落叶翻滚沉浮的情趣。

在这些役石中，必须用到的是水落石。瀑布的形式很大程度上取决于此石，再于两侧放置泷添石，瀑布石组最少由这三块石头构成。

其他的役石可以用于筑造更加丰富的瀑布形式，根据役石的组合方式，也可以筑造出两段瀑布、三段瀑布。

另外，溪流也好，瀑布也罢，如果没有水，也可以充分欣赏枯水流和枯瀑布。反之，如果枯水流和枯瀑布中有水，也必须让水毫无阻碍地流过。

● 瀑布的役石配置

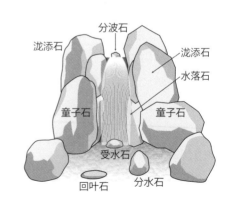

源自禅宗的"龙门瀑布"

金阁寺的"龙门瀑布"。大块的鲤鱼石表现了飞跃之势的跃动感

　　从镰仓时代到室町时代，随着禅宗盛行，出现了"龙门瀑布"这种形式的瀑布。龙门位于黄河峡谷出口处，以急流而出名。传说登上龙门的鲤鱼可以化身为龙，所以从这里产生了"跃龙门"一词，这也是日本端午节"鲤鱼旗"的起源。

　　"龙门瀑布"用石组来表现这个故事，它由镰仓建长寺的开山祖兰溪道隆（大觉导师）引入禅寺园林之中，后又由梦窗疏石发扬光大。

● **筑造自然溪流的配石方法**

为避免单调，溪流的配石应采取大小混合使用的方法

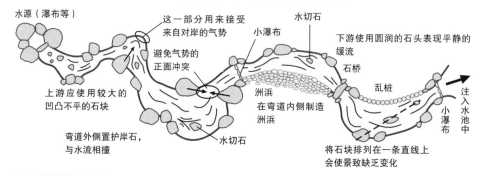

水源（瀑布等）

这一部分用来接受
来自对岸的气势

避免气势的
正面冲突

水切石

小瀑布

下游使用圆润的石头表现平静的
缓流

石桥

乱桩

注入水池中

石桥

小瀑布

上游应使用较大的
凹凸不平的石块

洲浜
在弯道内侧制造
洲浜

弯道外侧置护岸石，
与水流相撞

水切石

将石块排列在一条直线上
会使景致缺乏变化

● **溪流的筑造方法**

1.先对拟建的溪流进行测量放线

2.沿线凿坑，并在底部铺防水布

3.在底部铺石块（上游用凹凸不平的大石块，下游用小沙砾）

在计算宽度、深度和置石的基础上筑造溪流

过去，在筑造溪流时，为了在有限的空间内给人以美的享受，从计划阶段开始，就要决定好溪流的路线、溪流的宽度、深度及坡度，而且要对以何种方式表现堤岸和溪流的形态，从而营造园林景致进行深思熟虑后，再开始溪流的筑造。

溪流的宽度依园林大小而定，以1米左右为宜，最宽为1.5米至2米。当然，基本的是要忠实于自然河川的形成规律，宽度从上游至下游逐渐变宽。深度为5厘米至10厘米的溪流可以没有阻碍地不

断向前流动。另外，大部分住宅用地都是平地，必须在溪流上游堆土制造高度差。

关于溪流的配石，气势是关键。尤其要避免石头间的气势相互冲突，不然就会造成溪流景观的不连贯。

溪流自身的气势与自上而下的水流流向一致，配石时要注意，不能与溪流流向相逆，也不能阻断水流。

注：
25 襞：衣服上的褶。这里指水落石面上凹凸不平的石襞。
26 役石：承担某种作用的石头。

56

师法自然的日本最早的喷泉

在金泽的兼六园内，有日本最早的喷泉。它建于幕府末期的 1861 年，当时是为了将水喷至金泽城外的城郭处而建造的实验泉。

西方自古就有喷泉，特别是在 14 世纪的意大利文艺复兴时期建造的园林中，人们在喷泉的设计上花了很多功夫，喷泉也被称赞为"水中之花"。在日本，喷泉现在作为公园的水景设施之一已经很普遍了，但在园林的世界里几乎从来没有出现过。

自古以来，日本园林的建造都师法自然。园林中的水景有溪流、瀑布和从竹笕中流出的细流。至于喷泉这种从下向上引水的违反自然规律的水景设施，可能从来就没有想过吧。

日本最早的兼六园的喷泉，是利用石制管道从顶部的霞池引水，利用与水池间的高度差向上喷水。所以，喷泉的高度和霞池的水面高度相同，一般保持在 3.5 米左右。因其完全没有使用水泵，没有违反自然，而只利用了自然的水利，所以可以称之为符合日本园林的喷泉。

日本园林（兼六园）内设置的第一个喷泉

第四章

石组的含义和设计及建造方法

由梦窗疏石所造的京都府天龙寺的枯瀑布石组展显现出了镰仓时代末期的痕迹

1 石组的含义

从造园开始石组的形态从未改变

石组，自古以来就在日本园林中具有最重要的地位。天然石块因其神秘性、不变性和稳定性而被神化，一直被人们崇拜。在古代，巨大的石块也被用作神仙下凡时下落的地方而存在。

另外，我们的祖先在与自然和谐相处的过程中，甚至发现了散落于河滩的石头的美。通过对这些石头进行组合，在园林中又创造出了一个全新的世界。

树木和小草都会随时间推移而改变形态，最终枯死，但石头的形态永远不变。所以，正因为理石方法的出现，园林的故事才可以自造园开始保留至今。

古代园林的石组表现方法和手法，因时代背景、宗教思想、愿望或园林建造家的个性不同而不同，不能统一按形式来分类。但如果从建造思想的角度出发，按照表现主题不同，可以分为以下几种。

基于佛教的石组样式

1. 须弥山石组

须弥山，别名称"妙高山"。在佛教的宇宙观中，须弥山位于九山八海的中心，有冲霄之势，山顶住有天人[27]。

须弥山石组要表现的是险峻的高山，所以以象征须弥山的高石为中心，在其周围置石，代表九山八海。同时，也可以表现下一页中出现的神仙蓬莱石组。

2. 三尊石组

所谓三尊石组，即用三块石头表现阿弥陀三尊、释迦三尊、药师三尊和不动三尊等三尊佛的形态。三尊石组的构成方式是，将三尊佛中的主尊作为中尊石置于高处，将左右的胁侍作为侧尊石

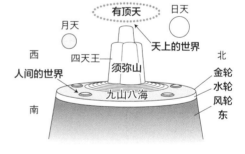

由雪舟所造的岛根县万福寺的须弥山石组造型平稳

置于较中尊石低的位置。

在平安时代末期所著《作庭记》一书中，也记述有"凡立石，以直立三尊佛石及卧置品字三石者为常事"，从中可以看出，三尊石组自古就是最基本的石组构成方法。几乎左右的石组都是按照三尊石组的组合方法和变形构成的。

另外，三尊石组的名称只是形式上的名称，很少做崇拜三尊佛之用。

在佛教的宇宙观中，须弥山的高度约为56万千米，风轮深为1120万千米，直径为$318×10^{49}$万千米

以民间信仰为基础的石组种类

1. 神仙蓬莱石组

神仙思想，即公元前3世纪左右产生于中国的道教思想。道教以长生不老为最高信仰，认为位于东方的大海远方有一神仙岛，岛上住着长生不老的仙人，仙人拥有益寿延年的仙药。神仙岛由蓬莱岛、方丈岛、瀛州岛和壶梁岛四岛构成，

作为龙安寺塔头的京都府宝严院的三尊石

意为面朝蓬莱岛的船的京都府莲华寺"舟石"

表现悬崖峭壁的东京都小石川后乐园的蓬莱石组，又被称为"德大寺石"

其中以蓬莱岛为首。

　　神仙思想从奈良时代传入日本。从奈良、平安时代起，园林的池泉逐渐开始筑造神仙四岛。其中大多数是置一块巨石来强调和表现蓬莱岛。因蓬莱岛即乌托邦，所以很少允许人们靠近，多使用斜面垂直状石块来代表险峻的悬崖峭壁。

　　另外，将形为船状、名为"舟石"的石块置于水中，用来象征去蓬莱岛求药寻宝之船。将面向蓬莱岛方向的船头较高地露于水面上方，用来表现船轻装出海的情景；相反，为了表现船从蓬莱岛返航时装满了仙药和宝物，则将石头较低地露于水面上方。

　　另外，用"夜泊石"来表现往来船队并列停靠在海港的情景。其特点是人为地将船排成一排。

2. 鹤龟石组

　　从过去开始就有"千年鹤，万年龟"的说法，鹤龟是长寿的象征。这种日本自古以来的长生不老的乌托邦思想和同样祈愿长寿的神仙思想相结合，而产生的祈愿"鹤龟蓬莱"的园林得到了极大发展，尤其流行于江户时代。在蓬莱岛石组的基础上，再配以表现鹤龟的石组。

在冈山县阿智神社的天津磐境内，留存有古代神仙思想的石组

代表了"鹤龟蓬莱"石组的京都府金地院园林。照片左下方的圆形石组为龟，
右下方的扁长石组为鹤首石，其右边的假山代表身体，用三尊石组来表现羽石

鹤石组（鹤岛）和龟石组（龟岛）分别独立组石后相对而立的例子有很多。龟石组大部分是用龟头石、龟甲石、龟手石、龟足石和龟尾石生动再现龟的样子，让人一眼就能感觉到龟的沉重感。而鹤石组的表现手法则稍微有些抽象，大部分是用鹤首石和羽石分别表现鹤首和鹤羽。尤其重要的是羽石，现在也有将一块羽石单置于高处，来表现鹤展翅高飞状的情况。

因鹤龟组合置石的情况较多，所以如果看到龟石，鹤石一定就在附近，大家不妨试着去找找看。

3. 七五三石组

七、五、三的数字组合是从日本自古以来的尊奇数的思想而来，作为代表永生的阳数被尊重至今的。这种将福寿寓意在园林中表现的是七五三石组，即将七块、五块、三块石头构成一个整体。龙安寺的由十五块石头构成的石组也体现了七五三的思想。

4. 阴阳石组

阴阳石组是祈求子孙兴旺的石组，将代表男性的立石（阳石）和代表女性的伏石（阴石）以两石一组的形式组合，象征阴阳和合，男女协调。阴阳石组尤其多见于江户时代的大名庭园中，其中包含了恐惧后继无人和家族衰落的大名们的深切祈盼。

注：
27 天人：我们所说的天神、天仙。

2 表现自然景观的石组

石组也用于表现池泉景观

边际线优美的沙滩，波涛汹涌的海滨……日本拥有这样丰富的海岸线。另外，在濑户内海中看到的大小不一的海岛、错综复杂的海湾……日本的海景美丽多变，时而平静，时而汹涌。

保护和加固池泉边际线的工作被称为"护岸"，古代匠人们进行护岸工作，不仅是为了防止土沙滑坡，同时为了表现丰富的池泉景观对护岸进行了精心设计。其中，石组承担了重要作用。

1. 护岸石组

护岸石组，即在池边营造出海岸情趣的石组。从惊涛拍岸到相对温柔宁静，石组为我们展现出了多种多样的海岸风情。

从平安时代的寝殿造园林到净土式园林，池泉的护岸石组整体上使用小块的石头，来营造温和敦厚的感觉，从镰

仓时代起，随着禅宗的兴盛，石组也开始变得大而威严。同时，鹤龟蓬莱和三尊石的思想也开始融入护岸石组的设计中。

创作于这一时期的优秀的石组范例也被后世园林所继承，例如，位于金阁寺镜湖池中的苇原岛和位于银阁寺锦镜池中的白鹤岛的护岸石组都是以西芳寺黄金池中岛护岸的三尊石组为范本筑造而成的。

2. 洲浜

铺满小石块的沙洲被称为"洲浜"，这种方法从奈良时代中期开始被用于造园中。

在 1967 年被发现的平城京东院园林遗址中，从池底到池岸铺满小石块，沙洲的优美曲线是遗址一大特征。建造于平安时代后期的毛越寺中的蜿蜒曲折的沙洲，表现了退潮后露出一片海滩的景致。

作为后世的护岸石组典范的京都府西芳寺的三尊石组

在京都的皇家园林仙洞御所的南池边长约一百米的池岸线上，铺满了约十一万个直径 20 厘米至 30 厘米的天然鹅卵石，营造了细致又宏大的沙洲之景。据说当时这些鹅卵石是用一块一升米的价格换来的，所以又被称为"一升石"。

京都府仙洞御所的南池中的沙洲是由大小、形状、颜色一样的鹅卵石筑成的

3. 中岛 / 岩岛

置于池泉中的中岛是海岛的体现。表现海岛之景固然重要，但更多的是寄托信仰，例如之前提到过的神仙蓬莱岛、鹤岛、龟岛等。

将中岛进行变形，只通过石块来表现的称为"岩岛"。造景方法是将峻石的一部分露出水面，也可以说是在池中置石组的手法。其中著名的有东京六义园的洞窟岩岛和高松栗林公园中表现名为"仙矶"的蓬莱群山的岩岛。

以表现蓬莱连山的岩岛而闻名的香川县栗林公园的仙矶

3 园林景观石的种类和基本置石方法

园林景观石的各部分都有名称

根据放置后的状态，园林景观石的各部分有以下的惯用名称。

天端： 石头的上面。将石头的上面平放时，这样的石头被称为"有天端"。

见附： 石头的正面，也被称为"面""表"。

见込： 石头的左右两个侧面，是石头侧面的着眼点。

肩： 天端、见附和见込的交界处。

根入： 石头和地面接触的部分。一般说，"根入浅"或"根入深"等，是置石的关键点。

敷： 石头的底面。

鼻： 石头横向突出的部分。有的石头没有"鼻"。

颚： 如果石头的"鼻"下面有凹陷，则称之为"颚"。根据置石方法，大多数情况下"颚"不利于置石，所以或将其埋入地下，或用灌木和杂草掩盖。

槽： 石头表面天然形成的凹陷部分，凹陷面积大的石头为二段石。

石理： 石头的花纹和缝隙等纹理。

孔： 大谷石等软石上可以看到的风化后形成的虫蛀状小孔。

园林景观石可分为山石、河石和海石

一般按照其形成原因，岩石可大致分为岩浆岩、沉积岩和变质岩。岩浆岩又可以细分为花岗岩、安山岩和玄武岩等；变质岩又可细分为石灰岩、绿泥片岩等。

●园林景观石各部分的名称

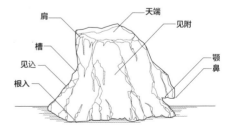

但在园林家的眼中，首先看到的不是这种科学的分类方法，而是岩石采自何处，所以只将岩石分为山石、河石和海石。

山石，是指采集于山中，裸露在地表或埋在地下的岩石，其表面多数有棱角，凹凸不平。例如，鞍马石和筑波石等。

河石，是指采集于河床上的岩石，因长期被河水冲刷，一般表面较圆润。现在根据《河川法》，在没有取得特殊许可的情况下禁止采集。例如，贵船石等。

海石，是指形成于海岸附近后掉入海中，被海水冲刷侵蚀后的岩石。其特点是表面富于变化，较出名的有伊予青石和伊豆石等。

要注意的是，不能将这些山石、河石和海石混在一起进行组石。一般原则是效法自然，用山石来表现瀑布和山涧溪流，用河石来表现溪流，用海石来表现大海和海岸。

●置石方法的正例与反例

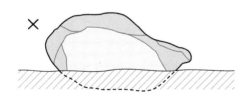

岩石"断根"，呈现出不稳定的状态

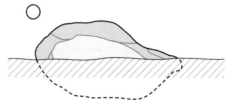

岩石深埋于地下，呈现出稳定的状态，棱线也会变长

●园林置石（以目前的施工方法为例）

①利用起重机，将园林景观石置于事先挖好的坑中

②将岩石底部打磨平整，检查是否水平摆放

③回埋后，平整岩石周围的地面

④置石完成，岩石和地面接触部分的棱线较长

置石方法也有好坏之分

置石前要先挖坑，如果为了表现石块的体量大，将其与地面接触部分变少，而使石块露出地面部分变多，则石头与地面接触部分的棱线就会变短。如此一来，石头的大小就一目了然，不仅不能产生体量大的视觉效果，而且会给人不稳定的感觉。这种情况被称为"断根"。

相反，如果将石头与地面接触部分更多地埋入地下，则会使人产生联想，认为石头埋在地下部分的体积较实际更大，就好像一块巨大的石头只露出一点点在地面的感觉。

所谓置石，并不只是将石头摆放在地上，而必须要让石头稳稳地扎根于地下。

4 石组的基本原则

石组最重要的是石头的"气势"

　　石组没有标准的置石方法，是园林中最能体现造园家个人造景创意的一个方面。

　　每块石头都有自己的"气势"，它来自于石头的形状、大小、花纹等，即观察石头时感觉到的石头无形地朝某个方向的气场。

　　即使是同一块石头，不同的置石方法也会造就石头完全不同的"气势"朝向和强弱。如果不考虑石头的"气势"进行石头的组合，石组就会变得非常不和谐，视线也不能集中于一点，传达给欣赏者的只有不稳定的感觉。

1. 对两块石头进行组合的情况

　　对两块石头进行组合时，很少让它们在石组中的地位完全一致。大多数情况下，会选择大小形状各异的两块石头，

以其中较大的一块石头作为主景石，另外较小的一块石头作为配景石，在明确主次关系的基础上进行置石。

　　在这种情况下，如果一块石头的气势方向是右上方，则在它旁边应摆放气势方向是左上方的石头。这样，两块石头的气势就会像"人"字一样相互支撑，和谐稳定。

　　从造景上来看，使石头的"气势"正面冲突和相互对抗的置石方法会严重破坏平衡，带给观赏者不安定的观感。

2. 对三块石头进行组合的情况

　　对三块形状大小各异的石头进行组合时，基本方法是先放置起主景作用的石头，再加入第二块石头进行协调，最后加入第三块石头以保证整个构图平衡。另外，很重要的一点是从正面看到的前视图中三块石头的顶点和从上面看到的

●岩石的基本"气势"

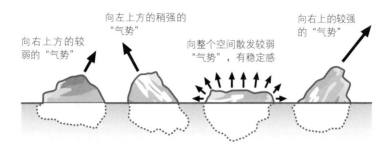

向右上方的较
弱的"气势"

向左上方的稍强的
"气势"

向整个空间散发较弱
"气势",有稳定感

向右上的较强
的"气势"

即使是同一块岩石,不同的置石方法也可以产生不同方向和
强弱的"气势"。上面的四幅图是将左边这块岩石朝各个方
向放置后看到的"气势"的方向和强弱。

俯视图中三块石头的中心点分别相连后
应构成不等边三角形。

起主景作用的石头在三块石头中最
稳定,就形状大小来看最具有存在感。
在对主景石的气势进行观察后,再加入
第二块石头与之对应。在仔细观察前两
块石头的气势大小和方向后,考虑好位
置和形状后,再加入第三块石头。

通过改变每块石头的大小及放置方
法、石与石之间的距离及位置关系,就
可以仅用三块石头实现无数种景观构图。

3. 对五块以上的石头进行组合
的情况

对五块、七块甚至更多的石头进行
组合时,以一块石头、二石组、三石组
为基本单位进行组合置石。

●在考虑"气势"的基础上进行岩石的组合

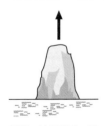

只有一块石头时,朝
正上方的"气势"具
有稳定感

两块石头的组合:使两块石
头的"气势"互补产生稳定感

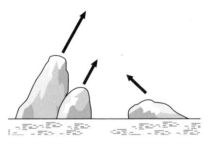

三块石头的组合:使两块石头的组合和另一
块石头"气势"互补

●组合三块以上石头的例子

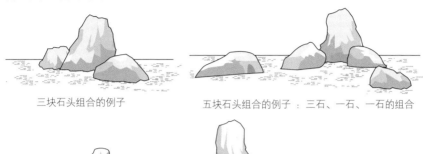

三块石头组合的例子　　　　　五块石头组合的例子：三石、一石、一石的组合

七块石头组合的例子：三石、二石、二石的组合

石头数量越多，就越需要对每块石头的"气势"进行仔细观察后进行组合放置。即避免"气势"的正面冲突，让每块石头在相互释放、相互弥补、相互影响的同时进行配石。

无论哪块石头，只要稍有偏移，就会完全破坏整体。像这样的绝佳平衡在带给欣赏者稳定感的同时，也会给人恰到好处的紧张感。通过制造这种稳定感和紧张感的平衡，可以在欣赏者的心里留下景物的深刻印象。

破坏景观的典型案例

另外，关于石组，除了气势以外，还有必须遵守的基本原则。

如下图所示，将石头按直线型排列，或使用大小高度相同的石头，会破坏整个园林景观，是石组置石的禁忌。

●影响石组景观性的反例

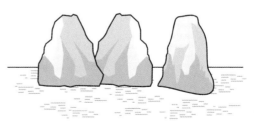

将石头按直线型排列　　　　　将形状、大小相同的石头置于同一高度

5 自古至今的石头搬运法

凝聚前人智慧的石头搬运法

在现代，可以用卡车搬进或用吊车移动石头，但在没有车辆和起重机的时代，人们如何搬运石头呢？

在过去，距离近时人们用人力和畜力，距离远时走水路搬运从山上凿下的石头。因此，人们想了各种办法来解决如何用有限的力量移动重石的问题。

特别是从已经筑起了城墙的安土桃山时代开始，石头搬运技术得到了飞跃发展，我们可以推测这些石头搬运技术也开始被用于建造园林。

下面介绍一下当时主要的搬运技术。

1. 担石搬运法

最简单的搬运法是多人用圆木担起石头搬运。这种方法仅限于短距离间的移动，一般两个人可以担起 200 公斤左右的石头。另外，人们还研究出了多人担石时用多根圆木组合搬运的简便方法。

●用担子搬运石块的情景

两人担石的情况

三人担石的情况

四人担石的情况

●撬棍的使用方法

"赶"

"持"

"撅"

2.滚动搬运法

短距离移动石头时，为了使石头易于滚动，通过在石头周围挖坑和使用方材等枕木的方法进行搬运。

还有一种方法是，将绳子绕过石头绑好，多人用力拉动绳子搬运。

3.撬棍搬运法

置石时，可以用撬棍撬起并挪动石头等重物。撬棍分为木撬棍和铁撬棍，因其可以用较小的力量移动和抬起石头，所以被视为极为重要的搬运工具之一。如图所示，撬棍的基本使用方法有"赶""持""撅"。另外，三人将大石横向慢慢移动的方法称为"划船搬运法"。

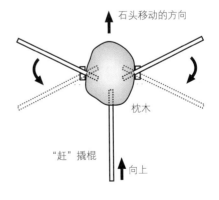

石头移动的方向

枕木

"赶"撬棍 向上

"划船搬运法"（俯视图）

●用修罗搬运重物的情景

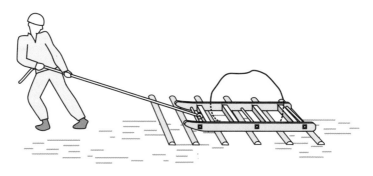

将沿直径劈成两半的圆木或竹子并排摆放在地面上，并在其表面涂上润滑油

4. 修罗（橇）搬运法

修罗是搬运大块石头和木材的木橇。将数根长约 90 厘米的沿直径劈成两半的圆木或竹子并排摆放在地面上，这种装置被称为"修罗道"，并在其表面涂上润滑油，从而使修罗可以在其上滑动。这种方法一般可以搬运 500 公斤～ 2 吨的石头。

5. 滚杠搬运法

为移动石头等重物而置于下面的数根圆木叫做"滚杠"。推拉移动重物时，滚杠来回滚动，使搬运工作顺利进行。滚杠常用于较狭窄的环境或搬运数十吨重的石头和大块木材时，现在也被视为重要工具。

使用滚杠时，先在地面上铺设相当于轨道的枕木滚道，再在枕木滚道的上面排列摆放滚杠，再在滚杠的上面放置被称为"拖排"的木板和修罗（滑撬），最后在最上面放置重物。据说，这种技术在建造大阪城城墙时就被用于搬运重物。

6. 起重三脚架／起重两脚架

所谓三脚架，是将三根圆木的上端捆在一起，下端展开，通过吊起石头等重物来搬运重物的工具。过去使用绳子和滑轮作为吊重物的器具，现在通常使用链滑车（带链条的滑轮）。

同理，两脚架是将两根圆木的上端捆在一起制作而成，相较于难以平移的三脚架，更便于搬运石灯笼和石塔等通常移动位置相同的园林小品组合，是重要的搬运工具之一。

7. 起重单脚架

所谓单脚架，是将一根长圆木竖立，

周围吊着货车绳，在圆木一端安装滑轮的装置。

　　单脚架便于组合，可以在施工现场一边移动一边进行起重作业，是所谓的老式起重机。

　　另外，现在在道路狭窄起重机无法进入的环境下，还是要利用这种前人们总结出来的技术来搬运石头等重物。

现在在较狭窄的环境下还是会使用"滚杠"

使用"起重三脚架"搬运的情景

第五章

园路的基础知识和设计及效果

由加工石和天然石组合而成的"行"的延段（岛根县
足立美术馆）

1 飞石的设计和施工方法

作为庭园引路石的飞石

铺设飞石的目的是让人们在园林中走动时，鞋子不被泥土和苔藓的水汽和湿气弄脏。茶道的集大成者千利休也将飞石引入了草庵式茶室的露地(茶庭)中。

茶庭的一切都是按一定的规则构成的，其中，对于飞石的作用也有非常严格的规定。

飞石绝对不能直接将客人引至茶室，反而要扰乱客人，将其引至错误的方向，例如，让客人绕远路，或阻止客人前行，根据石头的排列变化来扰乱客人前行的脚步。

要让客人每走一步都踩在飞石上，就好像在深山中迷了路，每走一步，都会被景色的细微变化所吸引。这不仅代表了一步一町，一步一里，也进一步表达了一步一难关的寓意。

像这样，飞石是要以引导的方式，将茶庭主人或造园人的自然观和侘、寂的世界观展现给前来参观的人。

兼具实用性和美观性的飞石

配置飞石的基本原则是，可以让人不费力地向前、后、左、右四个方向走动，在此基础上，还要考虑飞石间的距离、方向和茶庭整体的平衡，做到兼具实用性和美观性。

如下页图例所示，有直打、二连打、二三连打、雁打、千鸟打、大曲等自古就有的配石方法。但在实际进行配石时，可以有无数种设计方法，并不局限于这几种。

对于飞石的配置方法，千利休认为，"六分实用四分观景"，他的徒弟古田织部和小堀远州则相反，主张"四分实用六分观景"。所谓"用"，即实用性，走路时的便利性。所谓"景"，自不必说，即美观性。

虽然"用"和"景"的侧重点不同会产生微妙的差别，但千利休、古田织部和小堀远州三大茶人都将"兼顾实用

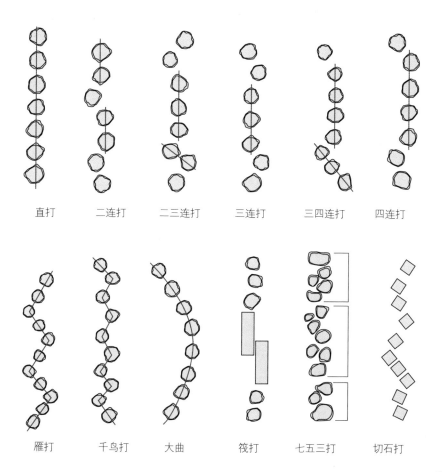

直打　　二连打　　二三连打　　三连打　　三四连打　　四连打

雁打　　千鸟打　　大曲　　筏打　　七五三打　　切石打

性和美观性"作为配置飞石的必要条件。

　　配置飞石，可以在茶庭中营造出横向的气势，是造景上不可缺少的重要元素，也在很大程度上影响树木的配植和园林造景石的配置。

配置飞石的重点是石与石间的和谐

　　用做飞石的石料直径为30~50厘米，考虑到埋入土中的部分，厚度为10~20厘米。为便于行走，石块表面应尽量平整。有时，石块表面的些许凹凸不平反可以营造情趣，但凹凸程度严重时会积存雨水和洒水，反而破坏景致。

　　在配置飞石时，时而混入形状规整的石板或摆放石臼，可以营造出富于变化的情趣。

　　配置飞石的首要原则是，必须保证身穿和服的女性在飞石上可以不费力地行走。因此，石与石之间保持10厘米左右的间隔，以一只手握拳大小为准。

　　另外，石与石之间的协调决定了飞石的美观性。基本原则是，当飞石是直线型时，相邻石块的侧面应该基本保持平行；当飞石是弯曲型时，石块间的平行线应与弯道中心点在一个方向上。

　　但如果石头间的接缝太过平行，有时也会影响美感，所以需要打乱飞石的节奏，使其赋予变化。

●飞石的接缝好坏

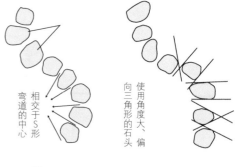

相交于S形
弯道的中心

使用角度大、偏
向三角形的石头

〇 正例　　✕ 反例

●飞石的配置方法

在确定飞石间距便于行走的同时，将其暂置于假定
位置

确定飞石间的协调性，飞石高度的一致性和飞
石表面水平程度

在确定飞石表面水平的基础上进行辅设

2 敷石的设计和施工方法

营造园路幽邃情趣的敷石

在日本，从桃山时代开始，敷石被用于茶庭，之后得到了极大的发展。特别是京都的桂离宫和修学院离宫等皇家园林和作为回游式园林的江户时代的大名庭园中较常使用敷石。虽然在配置飞石时有严格的规定，不容许有半步的自由，但配置敷石时以可以让人安全地稳步行走为主。

根据作为素材的石头的质感、宽度、流线、弯曲度以及石头和石头间缝隙的形状，敷石时而给人身临深山幽径，时而给人漫步河滩石路的感觉。在喜爱抽象的表现手法的日本园林中，敷石不仅是园路，更有营造深邃幽静园林情趣的重要作用。

茶庭的敷石，多铺设于外露地，用来表现通往山间小屋的山路。尤其是，用表面粗糙的山石铺成的敷石，在超越了规则美的同时，营造出了山路闲静的

景致。将铺设为长条形带状园路的敷石称为"延段"。

用敷石表现日本园林的"真、行、草"

在整个日本文化中，处处体现了"真、行、草"的表现手法，无论是书道中的楷书、行书、草书和茶道，还是花道、俳谐、舞蹈等，日本园林也不例外。格律严谨是为"真"，形态凌乱是为"草"，二者之间则为"行"。在日本园林中，敷石最能体现这种"真、行、草"的表现手法。

敷石的铺设方法大致分为三类：仅使用加工石块表现规则美的"石材铺法"为"真"；仅使用天然石块的"卵石铺法"为"草"，因其看上去像洒满雪珠一样，又被称为"珠落铺法"；将加工石块和天然石块混合铺设的"寄石铺法"为"行"。

从展现规则美的"真"，到形状逐渐凌乱的"行""草"，园林建造师所追求的是在这个过程之中产生的风雅情趣。

桂离宫中"行"的延段

桂离宫御舆寄前名为"真飞石"的
"真"延段

●敷石、延段的"真""行""草"

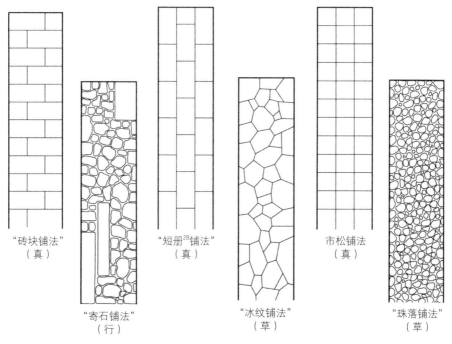

"砖块铺法"
（真）

"寄石铺法"
（行）

"短册[28]铺法"
（真）

"冰纹铺法"
（草）

市松铺法
（真）

"珠落铺法"
（草）

● **不美观的敷石间石缝和石头的排列方式**

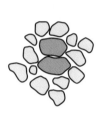
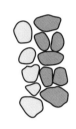

| 四石接缝 | 八石接缝 | 线型接缝 | 将大小形状相同的
石头排列在一起 | 将多块纹路相同的
石头排列在一起 |

以上的石缝和石头的排列方式会影响美观，在造园时应避免

石缝成就敷石之美

之前已经介绍过飞石需要同时具备"用"和"景"的功能，敷石则更重视这一点。

首先，敷石要选择平坦的石块，以确保行走方便，即满足"用"的条件。

其次，要满足"景"的条件，而"景"是由敷石的石缝造就的也不为过。

石缝的宽度均为1~1.5厘米，特别是使用天然石块的草体和行体的敷石；石缝的形状以Y形和T形为宜，如果是"四

滨松城日本园林的敷石。石缝间的青苔独具匠心，别有一番情趣

石接缝""一字接缝""八石接缝"等，则会严重影响景观效果。接缝的形状应在不规则中表现自然美。

另外，在棱角处配置大块、形状好的石块也是敷石的基本原则。采用"寄石铺法"时，应将加工石块和加工板石置于棱角处，按时下流行的话来说，就是有独特之美，对整个景观起画龙点睛的作用。

就通过感受天然石块的魅力进行配石的草体"珠落铺法"来说，不同的人在进行配石时，可以赋予其不同的个性。据说在过去，如果一个人搬运、铺石的话，一天最多可以铺设一尺四方大小（一尺约为30厘米，一尺四方约为900平方厘米）。

注：
28 短册：长条诗笺，日本人写和歌、俳句用的窄长厚纸。

● "草"的敷石铺设方法

在铺石前先平整地基。照片中是大量做材料用的天然石块

按"珠落铺法"铺设天然石块，形似"填字游戏"

● "行"的敷石铺设方法

将加工石块和天然石块组合铺设"敷石"

将加工板石置于棱角处，对整个景观起画龙点睛的作用

第六章

石 制 的 园 林 小 品

石川县兼六园的标志"微轸（琴柱）灯笼"

1 石灯笼的结构和设计

日本园林中石灯笼存在的理由

现在，石灯笼作为园林小品已经相当普遍了，以至于听到"石灯笼"这个词，没有人不会在脑海里浮现出它的样子。

但在日本园林的历史长河里，石灯笼真正开始被用于园林造景的时间并没有那么长。

石灯笼起源于中国，后随佛教一起被传到日本，作为佛前的供灯被放置在神社和寺院内。石灯笼从桃山时代起被用于园林中，据说千利休是第一人。千利休被清晨石灯笼中的余烬所感动，所以将这种景致作为晚间茶事的灯火带入园林中。

此后，因其绝不华美的灯火和本身耐人寻味的造型，石灯笼也被用于除茶庭之外的其他样式的园林中。

在充满树木和岩石等自然元素的园林中，石灯笼这种人工的造型在不知不觉中就吸引了观赏者的眼球。石灯笼的存在是园林中的画龙点睛之笔，即所谓的园林装饰物。

构成石灯笼的基本六元素

石灯笼基本上由六个元素构成，从上到下为宝珠、笠（灯顶）、火袋、中台（中坐）、竿（灯柱）、基础（基石）。这六个元素全部具备的石灯笼称为"基本型"，除火袋外，省略了其他某些元素的石灯笼称为"变化型"。

宝珠： 石灯笼顶部的葱花球状部分。有单独的宝珠和附有莲花底座的宝珠两种。

笠（灯顶）： 相当于石灯笼灯顶的部分。如图中的春日灯笼所示，灯顶的边缘大多向上卷曲。

火袋： 放灯火的部分，是石灯笼最

雪见灯笼多被置于池边

奈良县当麻寺的八角灯笼，是奈良时代初期的作品，也是现存最早的日本石灯笼

水萤形石灯笼。灯光在水中闪动的样子让人联想到萤火虫

低矮的劝修寺形石灯笼从正上方看是长方形

●石灯笼的各部分名称（以春日灯笼为例）

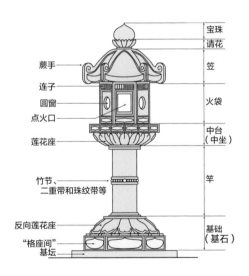

宝珠
请花
笠
火袋
中台（中坐）
竿
基础（基石）

蕨手
连子
圆窗
点火口
莲花座
竹节、二重带和珠纹带等
反向莲花座
"格座间"
基坛

重要的元素，开口的部分称为"点火口"。

中台（中坐）： 支撑火袋的部分，大多与底部的基础造型方向相反。

竿（灯柱）： 支撑整个石灯笼的柱子，分为圆柱和方柱两种。一般在灯柱的上、中、下三个部分附有竹节、二重带和珠纹带等节状物。

基础（基石）： 支撑竿的基石，又称为"地轮"。基石的上部是反向放置的莲花座，周围大多有名为"格座间"的雕刻花纹。有时，基石的下面也会放置支撑基石的"基坛"。

大部分基本型石灯笼都是布施之物

我们之前已经介绍过，石灯笼分为"基本型"和"变化型"。"基本型"具备所有的基本元素，而"变化型"除了火袋外，可能会缺少一些元素。

基本型石灯笼原本几乎都是向神社和寺院供奉的佛灯。从正上方看到的灯顶的形状来说，可以分为三角灯笼、四角灯笼、六角灯笼、八角灯笼和圆形灯笼。其中，以春日灯笼为代表的六角灯笼最常见。

基本型石灯笼的名称一般是根据其最初所在的神社和寺院的名称来命名的，例如，春日灯笼、平等院形灯笼和劝修寺形灯笼等。

由茶人发展而来的变化型石灯笼

变化型石灯笼几乎都是从其开始用于园林造景后，经过茶人们的精心设计发展而来的园林装饰物。

无基座石灯笼、埋地石灯笼：无基石部分，支柱直接插于地下的石灯笼。茶人古田织部的创作，织部灯笼在数量众多的石灯笼中以其独特的美著称。在支柱的上部还有拉丁十字，中间刻有英文字母。在支柱的下部刻有仿地藏菩萨的圣母玛利亚像的浮雕，因此又被称为"吉利支丹石灯笼"。除此之外，还有

水萤形灯笼、曼殊院形灯笼、朝鲜式灯笼等。

"雪见"灯笼：无基石部分，下部的支柱变形为支架型的石灯笼。多置于水池和溪流边，也有说法称"雪见"一名是由"浮灯"或"浮见"讹变而来。著名的金泽兼六园的微轸（琴柱）灯笼也是雪见灯笼的一种。

可移动石灯笼、放置式石灯笼：无支柱和基石，将中坐以上的部分或者火袋的部分直接置于岩石上的石灯笼。其中著名的有源自京都桂离宫的岬石灯笼、三光灯笼和出自京都清水寺成就院的毡石灯笼。因其外形小巧，没有压迫感，所以被置于池边和园路旁等来装点景色。

野面石灯笼：几乎全部都用未经打磨的天然石块制作而成的石灯笼。

其他类型：在变化型石灯笼中，还有京都修学院离宫的袖形灯笼、京都真如院的瓜子形灯笼（利用无缝塔的塔身制作而成）等造型奇特的石灯笼。

●石灯笼的主要类型

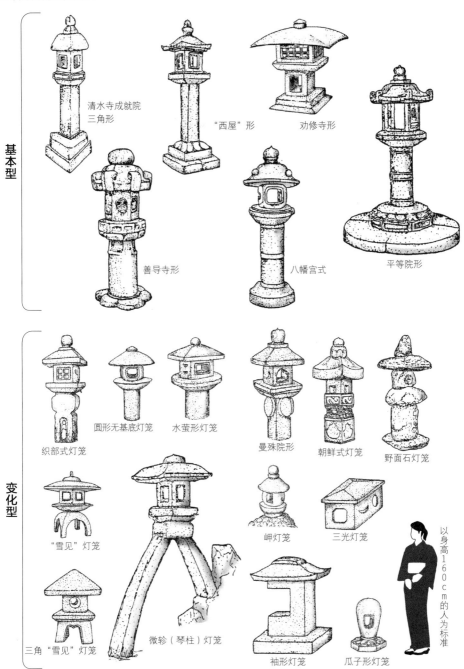

基本型

清水寺成就院
三角形

"西屋"形

劝修寺形

善导寺形

八幡宫式

平等院形

变化型

织部式灯笼

圆形无基底灯笼

水萤形灯笼

曼殊院形

朝鲜式灯笼

野面石灯笼

"雪见"灯笼

岬灯笼

三光灯笼

三角"雪见"灯笼

微轸（琴柱）灯笼

袖形灯笼

瓜子形灯笼

以身高160cm的人为标准

91

置于池中丁坝处的岬灯笼让
人联想到灯塔

被树木和灌木丛包围的织部灯笼
静悄悄地伫立在园林中

石灯笼的基本配置法

石灯笼在园林中的作用原本是夜间照明，一般将其置于园路的旁边、拐角、尽头和树下稍暗的地方，以及蹲踞的后面等需要光照处。

虽然现在石灯笼几乎不用于照明，但仍被置于这些地方。园林中需要光照的地方也是园林中的重要地点，石灯笼作为园林小品，虽不用于照明，但其造型却与景相宜，最能营造园林情趣。

将无基座石灯笼、埋入式灯笼等小型石灯笼低置于园路旁，做脚下照明用。置于园路的拐角和尽头处的石灯笼，就像从船上可以看到灯塔的路标一样，具有吸引人继续前行的效果。置于树荫下的石灯笼，通过与树木达到平衡和枝叶遮挡所营造的若隐若现，来表现丰富的园林意境。

石灯笼不能作为园林主景存在

配置石灯笼时，应注意不要让其在园林中过分显眼。例如，将石灯笼放置于园林中心时，石灯笼会太过显眼，景色则变得单调，不能表现园林幽深之景。

另外，石灯笼和园林大小不相符也会破坏园林景观。在一定的视线范围内，不能放置两盏以上的石灯笼也是配置时的原则之一。

除了非常简朴的坪庭外，石灯笼不能作为园林主景。石灯笼的作用只是适当地修饰景色，使景观从整体上达到协调。

组装石灯笼的关键是保证稳定性

组装石灯笼的顺序是，从最下面的基石开始，依次为灯柱、中坐、火袋、灯顶、宝珠。每组装一个部分，就需要确认是否水平和垂直，在保证稳定性的基础上进行组装。

大部分石灯笼文物只有灯顶、火袋和中坐，在 2011 年东日本大地震等大规模地震中，有相当数量的石灯笼文物已经被毁坏了。

但现在制作的石灯笼大部分都采取了防倒措施，即在各部分的接合处凿榫卯，以凹凸部分相嵌合的方式连接，所以即使发生小规模地震石灯笼也不会倒塌。

●石灯笼的组装

①用夯来夯实地基

②摆放基础，确认是否水平

③将竿置于基础上

④放置中台，确认是否水平

⑤放置火袋

⑥放置好火袋后的状态

⑦多人共同放置笠

⑧最后放置宝珠，组装工作完成

2 手水钵及蹲踞的结构和设计

手水钵和蹲踞的区别

我们经常看到有人把手水钵和蹲踞作为同义词混淆，但其实它们大有不同。

在日本，自古参拜神社和寺院时，在参拜前先要用水洗手漱口来净化身心。为此，在神佛前设置了手水钵，正如其名，手水钵指的是洗手漱口的蓄水钵。

此后，随着桃山时代茶庭的发展，手水钵也和其他役石一样开始被用于园林造景，名称也变成了蹲踞，取"蹲低洗手"之意。

蹲踞，以手水钵为主，由洗手时站立用的前石、晚间茶会时放置手烛的手烛石和隆冬时节放置温水的汤桶石组合而成。

京都府青莲院门遗迹一字形手水钵

铜币形手水钵是典型的创作型手水钵

●手水钵的种类

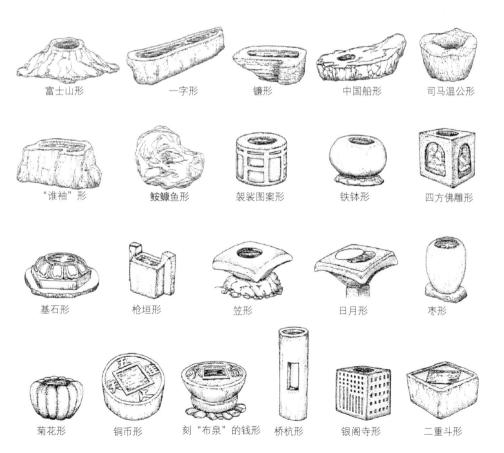

富士山形　　　一字形　　　镰形　　　中国船形　　　司马温公形

"谁袖"形　　　鲛鱇鱼形　　　袈裟图案形　　　铁钵形　　　四方佛雕形

基石形　　　枪垣形　　　笠形　　　日月形　　　枣形

菊花形　　　铜币形　　　刻"布泉"的钱形　　　桥杭形　　　银阁寺形　　　二重斗形

面向"海"的向钵

置于"海"中的中钵

手水钵的三大种类

手水钵大致分为以下三类:

天然石手水钵: 在天然石块上凿出凹槽制成。虽然很难将这种手水钵笼统地进行分类,但自古沿用至今的具有代表性的天然石手水钵有"富士形""一字形""镰形""中国船形""司马温公形""'谁袖'形"和"鲛鳞鱼形"等。

仿造型手水钵: 对石灯笼和石塔等石制品的一部分进行再利用后得到的"仿造品"。例如,利用宝塔塔身制成的"袈裟图案形"、利用五轮塔的球形水轮制成的"铁钵形"、利用宝箧印塔和层塔塔身制成的"四面佛雕形"、利用石灯笼和石塔的基石制成的"基石形"和将石塔等的塔顶反置制成的"笠形"等。

创作型手水钵: 对石材进行加工、造型,创作而成。主要有"枣形""菊花形""龙安寺形(铜钱形)""刻'布泉'的钱形""银阁寺形""二重斗形"等。

蹲踞的配置方式依流派而异

被构成蹲踞的役石所包围的部分称为"海",为了使手水钵中流出的水可以流进"海"里,将其配置在手水钵下较低的地方。"海"里设有排水口,在

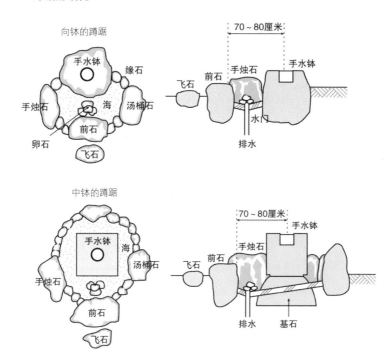

●蹲踞的结构

向钵的蹲踞

手水钵
缘石
手烛石
汤桶石
海
前石
卵石
飞石

70～80厘米

手烛石
手水钵
飞石
前石
水门
排水

中钵的蹲踞

手水钵
海
汤桶石
手烛石
前石
飞石

70～80厘米

手烛石
手水钵
飞石
前石
排水
基石

其上铺满沙砾和卵石覆盖。

　　手水钵是蹲踞的重要组成部分，这也凸显了茶道精神的重要性。根据茶道流派的不同，蹲踞的役石配置方法也多少有些差异。例如，表千家将手烛石置于左，将汤桶石置于右；而里千家则相反，将汤桶石置于左，将手烛石置于右。

　　另外，将手水钵朝向"海"放置时，称为"向钵"；将手水钵置于"海"中时，称为"中钵"。一般情况下，天然石手水钵为"向钵"，仿造型手水钵或创作型手水钵为"中钵"。

保持手水钵水质清澈也是修行之一

　　茶庭的蹲踞原本不使用笕（引水用的穿透竹节的竹子或木质导水管），因为经常往手水钵中添水，保持水质清澈，也被认为是茶人的修行之一。但在现代园林中，有时也通过设置笕来享受听潺潺水声的乐趣。

　　山涧清流、滚滚泉水、瀑布流水，想象用这些山间清水来洗手漱口才是人们设计并制造蹲踞的初衷。进入茶室前先通过洗手（脸）来净化身心，然后才可以开始一期一会的茶事。

龙安寺形手水钵中所蕴含的填字游戏

龙安寺形手水钵位于京都龙安寺有名的石庭中，中间有一四方形装水口，周围刻着"五、佳、矢、疋"四个字，再加上中间的"口"，就构成了"吾、唯、足、知"。这是释迦牟尼佛的教诲，意为"知足常乐"。

龙安寺形手水钵着实构思巧妙，可谓是现代版的填字游戏。传说此手水钵是由德川光圀[29]布施于龙安寺中，这不禁让人感叹水户黄门[30]的智慧了。

将中间的方形视为汉字"口"

注：
29 德川光圀（1628 年 7 月 11 日—1701 年 1 月 14 日）日本江户时代的大名，水户藩第 2 代藩主。
30 水户黄门：水户是地名，今日本茨城县水户市，黄门是日本古时官名"权中纳言（中纳言）"的汉风名称。水户藩第 2 代藩主德川光圀公，被称为"水户黄门"。

水琴窟设置于一片卵石下方

欣赏水琴窟的优美音色

如果在蹲踞的排水口下埋设一个倒扣的瓶子，就会形成水琴窟。

水琴窟的原理是：手水钵中的水流入倒扣的瓶中，水滴落在瓶子里形成回音，因此水琴窟又被当作一种音响装置。因其发出的声音音色优美，颇具弹奏古琴的雅韵，所以得名"水琴窟"。

据说，水琴窟是由化政时代（约1800年）江户的园林家设计出来的装置。据推测，水琴窟在当时又被称为"洞水门"或"伏瓶水门"。

水琴窟一度流行至明治时代，之后几乎被人们遗忘。直到十几年前，水琴窟在电视节目中出现，在园林爱好者中间掀起了一小股热潮，人们才开始又一次将水琴窟用于园林造景。

瓶子的大小不同，水琴窟的音色也不同。声音微妙而通透，难以言表，好似从大森林的地下深处一滴一滴汇聚而成的水声，与从笕滴落到手水钵中的水声相辅相成，构成了一道令人心情愉悦的声音风景。

在地下产生的水琴窟的回声时有时无，听到这种回声，更能感受到园林的静寂。

水琴窟的清澈音色可以说是值得留给下一代的日本声景之一。

● **水琴窟的结构**

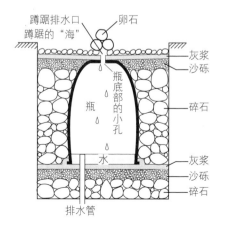

第七章

竹制的园林造景内容

京都府塔头宝严院的蓑垣与枫叶的构图更添情趣

1 竹 篱 的 设 计 和 制 作 方 法

竹子自古被用于日本人的生活中

自古以来，没有哪一种植物像竹子一样融入日本人的生活，竹筐、茶刷、花瓶、筷子、扇子、竹帘……人们以竹子为原材料，精心设计并制作了各种道具和工艺品。除此之外，房屋的篱笆和围墙、保护隐私的屏风等也是用竹子制作。

竹子具有中空、有节、韧性强、壁薄、劈裂性能强、柔韧性强等特性，易于加工，经久耐用。

竹篱是充分利用了竹子的特性和美观性的一种篱笆墙。它不仅有分隔空间的实用性价值，同时也作为景物表现幽深的意境和营造优美的景色，是日本引以为豪的传统技艺。

始于江户时代的竹篱造型多变

在《源氏物语》和《枕草子》等著作中，出现了"透垣""立蔀"等词语，并在当时的画卷中被描绘出来。"透垣""立蔀"可以说是篱笆墙的起源，从中我们可以知道从平安、镰仓时代起人们便开始制作竹篱一类的篱笆墙了。

从桃山时代的茶庭出现后，竹篱的重要作用就被更加凸现出来。

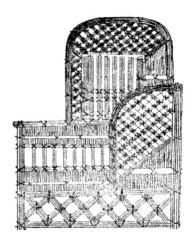

江户时代的《石组园生八重垣传》中描绘的竹篱

长约18米的京都府光悦寺垣的弯曲状檐蓬是其一大特征

较方格篱构造更为复杂的建仁寺垣

制作方法最简单的四目垣（方格篱）

●**透篱的种类和结构**

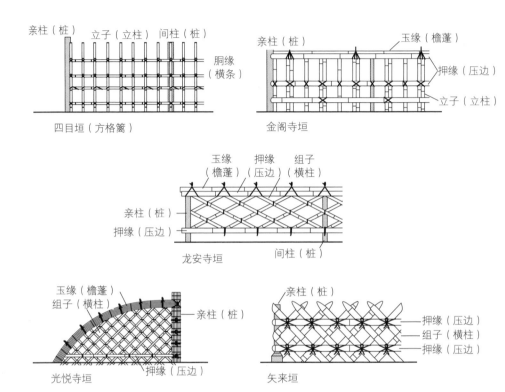

四目垣（方格篱）

金阁寺垣

龙安寺垣

光悦寺垣

矢来垣

竹篱绝不华美、恬静质朴的风情是重视闲静、孤寂的茶庭中必不可少的存在。所以，在江户时代，随着大大小小的园林在全国各地的兴建，竹篱也得到了普及，并被设计成了各种样式。

在江户时代后期出版的园林秘籍《石组园生八重垣传》一书中，以图解的形式介绍了近四十种竹篱的设计案例。其中不乏构思新颖的造型，我们可以从中了解当时所需的竹篱大小和其创意构思。

竹篱的基本结构

竹篱的基本结构为两侧立"亲柱""留柱"（桩），中间立"间柱"（桩），根据竹篱的高度，横向插入多根胴缘（横条）构成竹篱的骨架（一些种类的竹篱会纵向插入横条）。

将竹子、竹穗或树枝捆扎成束构成"组子"（横柱）绑在横条上，如果绑的方向是纵向，则称为"立子"（立柱），然后用押缘（压边）将"组子"或"立子"

●遮蔽篱的种类和结构

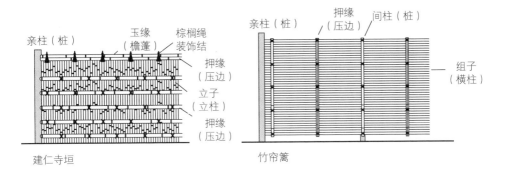

建仁寺垣

竹帘篱

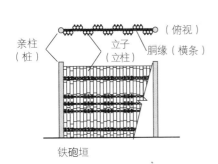

铁砲垣

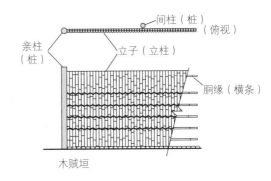

木贼垣

夹住固定，最后在竹篱的顶部放置玉缘（檐蓬），兼做造景和防雨之用。

根据竹篱的种类不同，有时可以省去横条、压边和檐蓬。

竹篱的种类和丰富的组合方式

根据横柱和立柱的材料和安装方式的不同，竹篱可以有很多种分类。这里且大致将其分为"透篱""遮蔽篱""编织篱"和"竹穗篱"，下面为大家介绍每种竹篱中的典型案例。

透篱：组合成栅栏状的竹篱，透过竹篱可以看到后面的景色。具有代表性的有：四目垣（将原竹捆扎成栅栏状的简单方格篱）、金阁寺垣（等间距排列立柱，再用压边里外夹住固定的矮竹篱）、龙安寺垣（将横柱按菱形组合而成的竹篱）、光悦寺垣（把竹枝捆扎成束做成弯曲状檐蓬，再将横柱按菱形组合而成的竹篱）等。

●编织篱和竹穗篱的种类

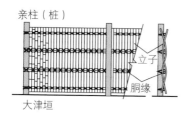

大津垣

将竹穗横向编织的桂离宫外围的桂垣

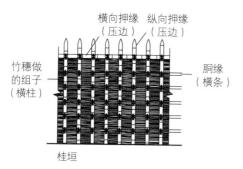

桂垣

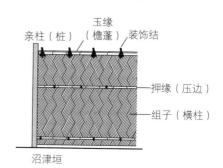

沼津垣

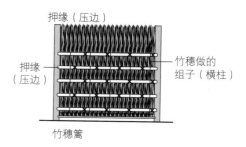

竹穗篱

遮蔽篱: 完全遮挡外部视线, 做遮蔽用的竹篱。主要有: 建仁寺垣 (将立柱无缝隙排列而成的竹篱)、竹帘篱 (将横柱无缝隙排列而成, 融入了竹帘的构思)、铁砲垣 (将多根原竹构成的一组立柱内外交错编织而成的竹篱) 等。

编织篱: 将劈裂的竹子和细竹等编成横柱或立柱制作而成的竹篱, 如大津垣、沼津 (纲代) 垣等。

竹穗篱: 竹子的枝条部分称作"竹穗", 用竹穗代替竹竿 (相当于树的枝干部分) 制成的竹篱称作竹穗篱。从较粗的竹穗到柔软的穗尖, 根据竹穗的不

同, 可以将竹穗篱分为桂垣、竹穗篱、蓑垣、松明垣等。另外, 用矮树枝代替竹穗编制而成的竹篱称为"柴垣"。

除了上述的种类外, 还有一种称为"袖垣" (侧篱) 的竹篱。袖垣一般设在外廊边的一端, 是从建筑物的墙柱和墙壁向庭院外延伸出去的袖状竹篱。在光悦寺垣、建仁寺垣、铁砲垣和松明垣等竹篱中都体现了"袖垣"这一元素。

2 四目垣（方格篱）的制作方法

方格篱的一般制作方法

方格篱的制作不仅出现在国家职业资格考试中，也是园林建造师实务考试的考题之一。也就是说，掌握方格篱的制作方法是成为园林建造师的必经之路。方格篱的制作方法是竹篱中最基本的，正因如此，些许简单的错误，也会影响方格篱的美观。

为了让大家更好地了解竹篱，我们首先介绍标准的方格篱的结构。

亲柱： 通常以表面经碳化处理的杉树或日本扁柏为材料制作而成。

间柱： 亲柱间有两个间隔的方格篱用一根间柱，有三个间隔的方格篱用两根间柱，如此类推，方格篱的间柱数量由间隔数决定（一个间隔宽度大约1.8米）。

胴缘（横条）： 横架在亲柱之间的竹子。标准的横条数为四根，但也有三根或五根的情况。相邻两根横条靠近根部和靠近尖部的位置相反。横条间的部分称为"割间"，它决定了方格篱的设计样式。

立子（立柱）： 等间距纵向交错排列在横条正面和背面的竹子。

制作美观的方格篱的关键

方格篱的制作方法如108页图例所示。尤其重要的是要把每个关键点的工作扎实做到位，通常有以下几项评判标准，它们在很大程度上决定了方格篱的美观与否。

（1）亲柱和间柱是否垂直，高度是否一致。应将亲柱和间柱牢固地插进地下，保证它们始终处于直立的状态。

（2）横条是否水平，从正面看是否在一条直线上，相邻两根横条靠近根部和靠近尖部的位置是否相反。

●四目垣的制作方法

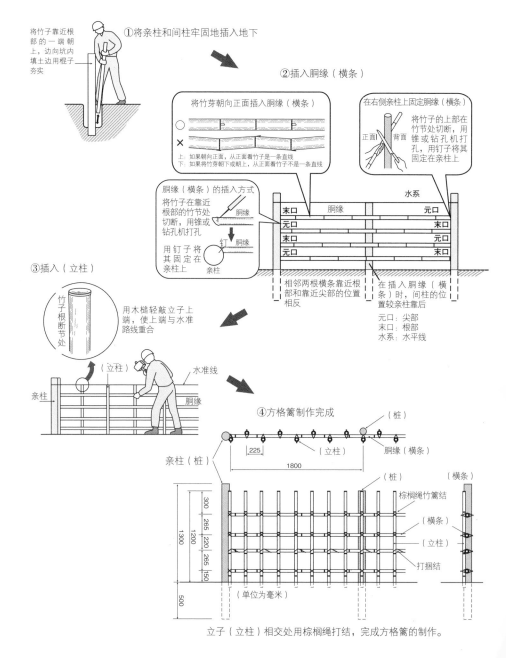

将竹子靠近根部的一端朝上，边向坑内填土边用棍子夯实

①将亲柱和间柱牢固地插入地下

②插入胴缘（横条）

将竹芽朝向正面插入胴缘（横条）

○

×

上：如果朝向正面，从正面看竹子是一条直线
下：如果将竹芽朝下或朝上，从正面看竹子不是一条直线

在右侧亲柱上固定胴缘（横条）

正面　背面

将竹子的上部在竹节处切断，用锥或钻孔机打孔，用钉子将其固定在亲柱上

胴缘（横条）的插入方式

将竹子在靠近根部的竹节处切断，用锥或钻孔机打孔

胴缘

钉

胴缘

用钉子将其固定在亲柱上

亲柱

水系

末口　胴缘　元口
元口　　　　末口
末口　　　　元口
元口　　　　末口

相邻两根横条靠近根部和靠近尖部的位置相反

在插入胴缘（横条）时，间柱的位置较亲柱靠后

元口：尖部
末口：根部
水系：水平线

③插入（立柱）

竹子根断节处

用木槌轻敲立子上端，使上端与水准路线重合

（立柱）　水准线

亲柱　　胴缘

④方格篱制作完成

（桩）

225

（立柱）

胴缘（横条）

亲柱（桩）

1800

（桩）

棕榈绳竹篱结

（横条）

（立柱）

打捆结

300
265 220
1200 265
150
1300

500

（单位为毫米）

（横条）

立子（立柱）相交处用棕榈绳打结，完成方格篱的制作。

108

（3）立柱上的切口是否一致，即切口的位置是否在竹节处。（如果不将切口切在竹节处，不仅会影响美观，还可能会导致竹节因内积雨水而腐烂）

（4）由"竹篱结"固定的立柱是否晃动（横条和立柱之间打的结叫做"竹篱结"）。

四目垣的竹篱结

竹子需要每年更换以保证美观

历史悠久的日本园林不乏少数，但作为竹篱原材料的竹子却在不断更新。竹子稍微褪色并不会影响景观情趣，但长年的日晒雨淋会使竹子变黑发霉，甚至断裂，大大损害了竹篱的美观。所以为了保持景观情趣不受影响，有名的园林每年都会对一定区域内竹篱的竹子进行更换。

要表现古色古香的园林之美并非易事，正因为有园林工作者日复一日的精心维护，才使得岁月的每一次更迭都增加日本园林的情趣。

制作完成不久的嫩绿竹篱

3 逐鹿的构造和制作方法

逐鹿营造了颇具雅趣的声景

在涓涓溪流的潺潺水声中，寂静更加凸显出来，此时，逐鹿发出"咚"的撞击声，声音清脆，让人回味无穷。在声音逐渐消失后再次发出撞击声，如此循环往复。

引水水管中的水不断注入口部向上的汲水竹筒（一端有斜切切口），当水注入到一定程度时，汲水竹筒失去平衡，向下倾斜，将水倒出，当竹筒像跷跷板一样再次回到原来的位置时，其底部撞到下边的石头会发出清脆的声音。这种结构巧妙的用水装置，营造了颇具独特雅韵的声景。

逐鹿的起源

逐鹿的"鹿"是指鹿和野猪，原本是为了驱赶糟蹋庄稼的动物而设计制造出的声音装置，和稻草人的作用相同。

据说，第一个将逐鹿用于园林中的是江户时代初期武将出身的汉诗诗人石川丈山，目前这个逐鹿装置仍放置在其自己建造的晚年隐居地京都一乘寺的诗仙堂内。

业余木匠也能完成的逐鹿制作方法

逐鹿并不像竹篱构造复杂，可以用业余木匠的心态轻松制作完成。大家可以参考下面的方法试着做一次。

1. 将竹子上部斜切

制作逐鹿所用的原竹是从接近竹子根部开始的三节左右，长度以 60 厘米为宜。下部依竹节处切断，上部为方便注水斜切。

斜切的方法是紧沿竹节边以 20°~30°的斜角先画线做好标记，再用锯子截断，最后用小刀做轻微的调整。

由石川丈山引入园林中的位于京都府诗仙堂的逐鹿

●逐鹿的结构

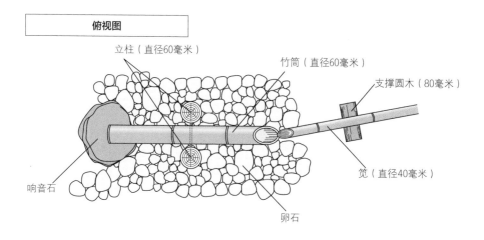

俯视图

立柱（直径60毫米）

竹筒（直径60毫米）

支撑圆木（80毫米）

笕（直径40毫米）

响音石

卵石

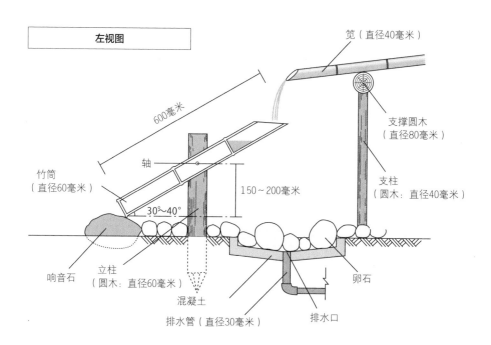

左视图

笕（直径40毫米）

600毫米

轴

150～200毫米

支撑圆木
（直径80毫米）

支柱
（圆木：直径40毫米）

竹筒
（直径60毫米）

30°～40°

响音石

立柱
（圆木：直径60毫米）

混凝土

排水管（直径30毫米）

排水口

卵石

111

2. 决定支点

接下来要设置竹筒活动支点处的轴，但在此之前应先决定支点的位置。支点的位置很重要，所以在决定前，先用手指的力量来控制竹筒，并向竹筒中加水到竹节处，水的重量使竹筒向下倾斜，将水倒出。当手指位于某一点时，竹筒中的水可以全部倒出，则在这里做好标记。

3. 在支点处穿轴

在支点处，用锥子或钻孔机钻孔，将轴插入孔中。用长 20 厘米左右，直径 5~6 厘米的金属棒或竹扦子做轴。重要的是保证轴与竹筒连接紧密，不能松动，所以应注意支点处的孔不要开得过大。

4. 组装

最后进行组装。先固定支撑逐鹿的两根立柱（请参考前一页图示），既可以用原竹穿孔固定，也可以用两根 Y 形树枝来支撑轴。轴的高度应控制在地上 15~20 厘米。然后在竹筒底部下面放置响音石。响音石以直径 20 厘米左右的圆石为宜，放置高度为刚好接触竹筒底部，且竹筒与水平面之间的夹角为 30°~40°。

向竹筒中注水的竹笕制作方法相对简单，在通节后的原竹里穿 PVC 管或软管，通过给水栓将水导入竹笕中。

从竹笕中流出的水量决定了逐鹿发声的时间间隔。水量大时，连续发出的声音会变得刺耳；相反，水量小时，发声的时间间隔又过长。所以，重要的是在估算好让人听起来最舒服的时间间隔的基础上再对水量进行调整。

● **汲水竹筒的制作方法**

①将竹子上部斜切

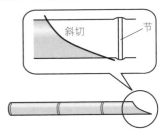

紧沿竹筒的竹节边用锯子截断，然后用小刀做轻微的调整。

②决定支点

先用手指的力量来控制竹筒，并向竹筒中加水，找到最佳支点。

当手指位于某一点时，竹筒中的水可以全部倒出，则这一点为支点。

③在支点处穿轴

在支点处，用锥子或钻孔机钻孔，将轴插入孔中。

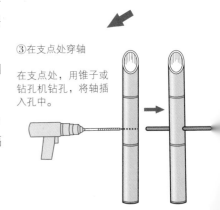

逐鹿原名为"僧都"的由来

"逐鹿"这一名称产生的时间比想象中的要晚，大约在昭和中期，西芳寺中制作完成的逐鹿得此名。自此开始，"逐鹿"这一名称得到了广泛的普及。那么，逐鹿的原名是什么呢？

逐鹿原本被称作"僧都"或"添水"。所谓僧都，即僧侣级别中仅次于僧正[31]的僧位[32]。据说此名的由来与活跃于平安时代的高僧玄宾僧都有关。玄宾僧都深得迁都至平安京的恒武天皇的信任，因此被授予了大僧都的僧位。

但他婉言谢绝，辗转于丹波、备中的农村，每到秋天都会扮成农民帮忙收割。所以他想出了很多驱赶鸟类和野兽的装置，深受农民爱戴。

后来，著名园林建造师石川丈山就根据这个故事，把原本用作保护农田的道具逐鹿置于园林中，并取名"僧都"，以表达对玄宾僧都的敬意。

在诗仙堂的宣传手册中，有这样的一段话："丈山利用园中之水让逐鹿发声营造声景，同时也可以驱赶破坏园林的鸟兽，将其作为晚年归隐后孤寂生活的慰藉，这种曾被称为'僧都'或'添水'的逐鹿一直留存至今。"

石川丈山像（爱知县丈山苑）

在丈山的隐居之所诗仙堂园林内，修剪后的杜鹃花和白砂、红叶构成鲜明的对比

注：
31 僧正：日本僧官之一。僧纲的最高级别。
32 僧位：日本朝廷赐予有德或有识之僧的等级。

第八章

日本园林的变迁

由奥州藤原氏所建岩手县毛越寺的净土式园林曾历多
次战乱和修复

1 飞鸟、奈良时代 园林文化的萌芽和建造方法

日本园林源自对自然的信仰

在古代，人们在自然环境中维持生活，既对一望无际的大海尽头和巍然屹立的优美山形抱有憧憬，又对峻崖峭壁和惊涛骇浪心存畏惧。所以时而将周围的自然物作为神灵的寄托来信仰和崇拜。

用巨石打造的神灵下凡的磐座，在被喻为大海的水池中筑造的祭祀海神的神岛，这些可以被视为是日本园林的起源。

掘池，筑岛，立石，祭神。日本人心中原本就潜在这种性格倾向，这也成为之后接受从中国传入的园林文化，并将其发展为日本独特文化的重要因素。

大陆[33] 文化的传入，日本园林的兴起

随着园林文化与佛教文化一起被传入，日本正式开始了园林的建造。

据历史记载，有一名叫路子工[34]的百济（现在朝鲜半岛的一部分）人来到日本，在园林中建造了"吴桥"（带屋顶的木制桥）和象征耸立于佛教世界中心的须弥山的水池。同时，在神岛和神池中也开始架桥，这些逐渐都成为了园林中的重要元素。

在奈良县的酒船石遗址处发现的小金币形石制物和龟形石制物，推测可能是当时蓄水用的装置

在修复后的平城京东院园林中可以看到奈良时代的曲水式池泉园林的风貌

1999 年，人们在奈良县明日香村发现了飞鸟时代的大规模园林水池遗址。此遗址很有可能是当时的天武天皇（在位时间为 673—686 年）即位后所建的飞鸟京皇家园林，如果时间可以确定，它将成为日本最早的园林遗址。

水池为方形，面积达几千平方米，池底铺满了拳头大小的平整石头，池中堆石筑有一小岛。池边护岸用人头大小的石头向上堆三层，筑成高约 80 厘米的池壁。另外，名为"出水酒船石"的引水设施和凸出于池中的纳凉地板也是其显著特征。

从这些遗迹中我们可以看出，当时的日本园林受到了朝鲜半岛园林文化的影响，也有人认为此遗迹有可能就是《日本书纪》出现的"白锦后苑"。这在探寻日本园林的起源上是重要的发现。

奈良时代初显风雅的园林文化

随后，人们又发现了突显贵族文化的奈良时代的园林遗迹。例如，在平城京东院园林等奈良时代的遗址处，可以看到被称为"曲水"的蜿蜒细流，做曲水宴之用。所谓曲水宴，是将这种 S 形的流水路线作为舞台，让酒杯自上游流下，在酒杯通过之前咏诵和歌的宴会，在当时非常盛行。日本的园林文化从平安时代起开始萌芽，并逐步得到发展。

注：
33 大陆：在日本，指中国大陆。
34 路子工：飞鸟时代造园家，生卒年未详。原为百济人。

2 平安时代 从寝殿造园林到净土式园林

迁都平安京后兴起的贵族文化

794 年，日本天皇迁都至平安京。自此，开始正式书写日本园林历史。

当时的平安京三面环山，山脊线优美，地形起伏恰到好处，有多条清澈的河流，自然条件优越，是一个山清水秀的风水宝地。此外，因平安京地下水资源丰富，植物和岩石种类繁多，使得园林技术得到了极大的发展。

平安时代中期，寝殿造园林的技术已经成熟，王公贵族们高度的审美意识逐渐产生，正如紫式部的《源氏物语》中描写的一样，贵族文化盛极一时。

在寝殿前铺满白砂，将其作为举行仪式和例行活动的开阔场所。这一区域被称作"南庭"或"斋庭"。再在其南面建造大面积的凹形水池，作为贵族们泛龙头鹢鸟之舟、吟诗奏乐，举行宴会的场所。另外，从水源处引遣水（细流），经园路蜿蜒流入水池，作为"曲水宴"

京都府成南宫再现了平安时代的曲水宴

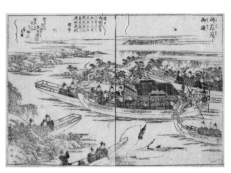

《都林泉名胜图会》中，贵族们泛龙头鹢之舟游玩的情景

再现净土式园林风貌的福岛县白水阿弥陀堂的池泉园林

的场所。

当时，这样的寝殿造的池泉园林在平安京中随处可见，但留存至今的仅剩京都的神泉苑和嵯峨院遗址大泽池。

从追求风雅之趣到崇尚净土极乐

到了平安时代后期，释迦教逐渐衰落，受"末法思想"[35]的影响，人们开始信奉净土教，追求极乐往生。贵族们开始将自己的府邸布施给寺院，从追求生前享乐过渡到考虑死后永生。

因此，引入描绘有西方极乐世界的曼陀罗[36]的净土式园林得到了很大的发展。净土式园林是以供奉阿弥陀佛为主，将西方极乐世界完全搬进寝殿造园林中发展而来。正如被叫作西方净土一样，人们一直相信极乐世界在遥远的西方。所以，净土式园林的特点是将阿弥陀佛堂建在园林用地的西侧，面向正东方向。在意为佛教七宝[37]（金、银、琉璃、水晶、珊瑚、赤珠、孔雀石）的莲花池中心筑造大面积岛屿，在岛上奏乐，表达对极乐世界的向往。另外，阿弥陀佛堂所在的莲花池的一端为彼岸[38]，另一端为此岸[39]，人们在此岸向彼岸的阿弥陀佛祈求极乐往生。

同时，在这一时期，橘俊纲撰写了日本最早的造园专著《作庭记》。这本书不仅是平安时代造园技术的集大成，也是作为后代造园启蒙的重要著作。

注：
35 末法思想：是指佛教经过正法、像法、末法三个发展阶段，必然走向消亡，佛教徒应有高度的责任感和深深的忧患意识，精进努力，使佛法久留人间，造福众生的理论。
36 曼陀罗：佛教语，在佛教中，为了表现佛的彻悟世界而将众多的佛和菩萨有序地画在一起的画像。
37 佛教七宝：七宝代表七菩提分，不同的经书所译的七宝各不相同。
38 彼岸：佛教语，超脱生死的境界。
39 此岸：佛教语，尘世。迷茫与痛苦、轮回转生的世界。

3 镰仓、南北朝时代　梦窗疏石和禅宗的表现

梦窗疏石的功成名就和武家掌权时代的园林文化

随着源赖朝在镰仓设立幕府，国家政权开始由武家掌握，但文化主导权仍在平安朝贵族们的手中。因此，在镰仓时代初期，即使在随武家入京而兴盛的禅宗寺院内，园林的样式仍然是传统的净土式园林。

这里必须提及一个历史人物，他就是奠定了自镰仓时代至室町时代的日本园林基础的梦窗疏石。

梦窗疏石是名噪一时的得道高僧，在园林史上也是大放异彩的园林建造师，建造了众多对后代产生重大影响的名园。以京都西部的西芳寺和天龙寺为首，岐阜县多治见市的永保寺、神奈川县镰仓市的瑞泉寺和山梨县甲州市的惠林寺等皆以出自梦窗疏石之手而出名，从中我们可以大致了解这位伟大的园林艺术家卓越的自然观和审美意识。

枯山水造园手法的确立

梦窗疏石的造园手法是与禅宗思想密切相关的"残山剩水"的表现方法，即通过在画面中留白来营造宏伟壮阔的自然景观的山水画法。梦窗疏石将这种表现手法用于造园中，营造并组合几处小的风景，将其作为自然景色的一部分，并赋予其地形上的变化，使整体构图协调一致。

特别是在位于西芳寺北边的洪隐山处，有一组形态险峻的石组。此石组是之后出现的枯山水的原型，应该说是园林史上具有时代意义的一组石组。

《都林泉名胜图会》中的天龙寺园林俯视图

梦窗所建的岐阜县永保寺的无际桥，远处是观音堂

走向成熟的书院造和园林样式的变化

武家掌握政权后，平安时代的寝殿造建筑逐渐变成了书院造建筑，这也是现在日式建筑的基础。

随着书院造建筑的发展和成熟，出现了坐观式园林样式。在此之上，随着禅宗思想的深入，回游式园林逐渐取代了舟游式园林，比起平安时代舟游的观赏方式，人们开始倾向于边步行游园边思考的观赏方式。

梦窗疏石用汉语诗歌传达了自己的造园目的

在西芳寺中留存有梦窗疏石所作的汉诗：

> 仁人自是爱山静，
> 智者天然乐水清。
> 莫怪愚蠢玩山水，
> 只图藉此砺精明。

诗的大意为：仁义的人以山为乐，喜爱山的寂静；智慧的人以水为乐，喜爱水的清透。旁人无须怀疑我为何如此喜爱山水并痴迷于造园，我只是想通过建造园林来净化自己的心灵。

另外，梦窗疏石在《梦中问答》中写道："得失不在山水，而在人心。"这句话可以解释为"园林可以如实反映建造者的内心"。对梦窗疏石来说，造园是磨炼内心的一种修行。

4 室町时代　足立文化和枯山水样式的确立

代表足立文化的两座名园的诞生

之前提到的由梦窗疏石所造的西芳寺园林，对室町时代的两处代表性园林产生了很大的影响。这两处园林分别是室町幕府第三代将军足利义满建造的鹿苑寺（即通常所说金阁寺）园林和第八代将军足利义政建造的慈照寺（即通常所说银阁寺）园林。

这两座园林的风格可以说既继承了自平安时代至镰仓时代孕育出的传统美，同时又加入了禅宗形式的造型感。

同时，受中国道教影响的神仙蓬莱思想，在以配置中岛的水池为主的净土式园林的构思中加入了更多丰富的景观设计。例如，在水池中配置更多的中岛和石岛，在护岸处设计更加复杂、富有情趣的石组。

颠覆传统概念的枯山水样式的普及

进一步说，这个时代是园林史上的一大转折点，即出现了一滴水也不需要使用来表现景致的枯山水园林样式。其中，以京都龙安寺和大德寺塔头大仙院两处的园林尤为著名。

在此之前园林中必不可少的水池、瀑布、溪流等水的元素被砂石等所代替，园林规模也急剧变小，枯山水可以说是彻底颠覆了传统概念的造园手法。

以镜湖池中岛栽植的松树为近景的金阁寺

集水墨山水画大成的雪舟建造的山口县常荣寺枯山水园林

由于禅宗思想的兴盛，幽静深邃的写意表现手法和含蓄的审美情趣逐渐成为主流思想，这也是枯山水园林得以普及的重要原因之一。枯山水在极有限的空间内，用岩石和沙砾来表现透过禅宗的世界所看到的自然观，所以也可以说是一幅立体山水画。

另外，时值京都的应仁之乱，社会动荡不安，经济萧条，水利工程建设也不十分到位，导致很难建造大规模的池泉园林。这也是枯山水园林兴盛的重要原因之一。

当时的造园工作者被称作"山水河原者"[40]。山水河原者在当时社会地位低下，但其中不乏艺术造诣高超之人，他们逐渐集中起来，之后成为足立义政[41]的专属造园师，形成了"同朋众"[42]的艺术组织。银阁寺的建造者善阿弥也是组织中的一员。

池泉中倒影美如画的银阁寺，以四块浮石（北斗石、浮石、坐禅石、大内石）为首，园林内使用多块名石作为护岸和护栏

注：
40 山水河原者：古代在禅僧指导下具体承担造园工作的园工，因住在京都贺茂川河原而得名。
41 足利义政：（1436 年 1 月 20 日—1490 年 1 月 27 日）法名慈照院喜山道庆，是室町时代中期室町幕府第八代将军。
42 同朋众：室町时代起在将军身边负责艺能、茶事和杂役的近侍。我们可以大致了解这位伟大的园林艺术家卓越的自然观和审美意识。

5 安土桃山时代　绚烂的园林和茶庭的诞生

战国大名庭园所剩无几

　　安土桃山时代，通常是指从 1573 年室町幕府宣告灭亡到 1600 年关原之战。在这短短的 28 年里，日本的政治、社会、经济体制实现了巨大的变革，日本园林文化也深受影响。

　　例如，艰难渡过了以下克上 [43] 的战国时代的掌权者们，在平定了自己的领地后，开始建造富丽堂皇的宫宇园林，意向本国国民和敌国夸耀自身的实力。

　　但遗憾的是，由于当时的战乱，现存的战国大名庭园屈指可数，寥寥无几。其中，福井县一乘谷的朝仓氏庭园和滋贺县高岛市的朽木氏庭园是了解当时的战国大名庭园的珍贵遗迹。

一统天下的丰臣秀吉的华丽园林

　　丰臣秀吉在一代代大名的兴衰中实现了日本的统一。为了彰显自己的权利，

作为战国时期重要遗址的福井县一乘谷朝仓氏园林

124

醍醐寺以樱花而著称，因丰臣秀吉曾在此举行过奢华的"醍醐赏花会"而被称作"花之醍醐"

诞生于茶庭的飞石成为日本园林中不可缺少的重要元素之一

丰臣秀吉在现在的京都建造了聚乐第、伏见城和醍醐寺三宝院。其中，聚乐第和伏见城已经不复存在（据说伏见城的园林曾被移至京都圆德院）。醍醐寺三宝院园林由丰臣秀吉于晚年亲自指挥所建，园中名石数量众多，极尽奢华。

建于安土桃山时代初期的园林是大名武将的权利象征，所以富丽堂皇、极尽奢华是其显著特点。

茶道的成就和露地（茶庭）的确立

在这一时期，货币经济也得以迅速发展，以堺商人[44]为首的豪商开始扩大影响。茶道开始在堺商人中流行起来，并集大成于原为堺商人的千利休。于是，出现了作为通往市中隐居之处的草庵茶室的幽静深邃的露地（茶庭）园林样式。

茶庭受禅宗思想的影响，重视求道精神。在茶庭内，设置用于步行的飞石、净化身心的蹲踞和石灯笼。整个茶庭重在表现侘、寂的深山幽谷之景。

现在已成为日本园林构成要素的飞石、蹲踞和石灯笼也源于茶庭。

祈求长生不老的鹤龟蓬莱园林也开始得到普及

将由中国传入的神仙蓬莱思想和日本自古就有的神仙思想相结合，祈求长生不老的鹤龟蓬莱一直都是日本园林的造园主旨之一。从这一时期起，表现鹤龟蓬莱的石组开始流行于书院造园林中。其中以建造于江户时代的金地院园林最为著名。

注：
43 以下克上：在日本，指处低位者赶走居高位者，夺取权力的现象，从南北朝开始变得突出，至战国时代发展到顶点。
44 堺商人：主要指堺市拥有势力的商人，在明代后期日中贸易中出名。

6 江户时代　离宫园林和大名庭园

风雅壮丽的离宫园林

进入江户时代后，园林开始在保留原来样式的基础上被赋予各种变化。全国各地开始兴建大量的园林。

京都的桂离宫和修学院离宫等离宫园林完全可以说是发展至此的园林文化的集大成。整体上来说，离宫园林在保留了平安时代皇家园林的设计理念的同时，也加入了更多复杂多变的景观设计。

德国建筑家布鲁诺·陶特在之后访日时曾对桂离宫给予了极高的评价，称其"美到让人流泪"。由此，桂离宫闻名于世界。

此外，位于比叡山麓的修学院离宫，由上、中、下三个茶屋构成，园内还有大片山林和水田，占地面积宽阔。特别出名的是，上茶屋的巨大人工池浴龙池和以大型造型植物为主的壮美景观。

幕藩体制[45]下兴建的各地大名庭园

另一方面，因江户时代建立了"参勤交代"制度[46]，各藩大名们开始在江户市内建造大大小小的藩邸（分为上宅[47]、中宅[48]和下宅[49]），并在藩邸内争相建造大型园林。小石川后乐园、六义园、浜离宫等都是现在被称作大名庭园的池泉回游式园林。

在水池周围建有榭和茶棚等，在宽阔的构图中展现出各种各样的园林样式

京都府修学院离宫中浴龙池和大片造型植物的构图展现出壮观的景色

现在作为日本三大名园之一的冈山县冈山后乐园

和造园手法。每个大名庭园都有主题性，是当时的主题公园。例如，在小石川后乐园中，有仿造全国各地名胜的景物；在六义园中，有用景色来表现和歌的歌枕等。

大名庭园遍布全国，如金泽的兼六园、冈山后乐园、高松的栗林公园、熊本的水前寺成趣园等。这些被保留下来的大名庭园现在也是各地的主要景点。

江户时代中后期出版了《筑山庭造传》等造园用书，造园开始得到广泛普及。大小寺院自不必说，园林也开始出现在平民百姓的住宅里，同时涌现出了一大批园林建造师。

不断培育出新花卉品种的江户园艺文化

另外，从元禄时代起，园艺文化也逐渐成熟。随着 200 本以上的园艺书籍

的问世，园艺师们开始争相栽培、育种和提供梅、山茶、菊、牡丹、牵牛花、樱花等植物，平民百姓中也掀起了一股强烈的园艺热潮。据说，在幕府末期，以到日本采集植物标本的植物猎人为首的西方人皆惊叹于当时花的种类之多。

花的寿命短暂，我们只能通过现在的花卉品种来了解当时的栽培情况，想必江户时代的日本园林中也栽植了种类繁多的园艺花卉吧。

注：
45 幕藩体制：17 世纪德川家康建立的由幕府和藩国共同统治的封建制度。
46 "参勤交代"制度：让藩主们轮换地一年住江户城一年住自己藩的领地，住自己领地时，正妻和子嗣需留住江户城。
47 上宅：在江户的大名平时居住的宅邸，是距离江户城最近的藩邸。
48 中宅：通常作为上宅的会客室。
49 下宅：通常是作为园林用的别墅，距离江户城较远。

127

7 从明治到昭和　西方文化影响下的新思路

西化后的明快园林风格令人印象深刻

以明治维新为开端，日本进入了明治时代。在这一时期，社会结构发生巨变，西方文明也如破竹之势涌入。因此，沿袭传统至此的日本园林也产生了新的变化。

在这里要特别提到一个人，日本政治家、军事家山县有朋。山县有朋十分钟情于造园，东京的椿山庄、小田原的古稀庵等园林都是由他亲自构思建造的。其中，京都的无邻庵是由第七代小川治兵卫（家族名：植治[50]）受山县有朋委托建造而成的。园林详细地呈现了山县有朋本人不喜阴暗的设计理念，借东山之景，引琵琶湖之渠水做涓涓溪流，呈现了明快的自然风格。

除此之外，植治还建造了平安神宫神苑、野村别墅碧云庄、元山公园等有名的园林。这些园林都体现了植治独特的造园手法，即运用借景和蜿蜒的溪流、轻快的配石、广阔的草坪以及无缝连接这些元素的弯曲园路。

植治所建造的园林都有一种明快的包容感，这正符合明治这一新时代的特点。

另外，建造于这一时期的新宿御苑、日比谷公园、旧古河庭园等园林开创了日本西式园林的先河。

东京都旧古河园林以约西亚·肯德尔设计建造的西式建筑和玫瑰园而著名

重森三玲的抽象艺术

进入昭和时代后，重森三玲、饭田十基、岩城亘太郎、小形研三等园林建造师在继承日本园林的传统和技巧的同时，在新的日本园林文化的创造上留下了伟大的成就。

饭田十基将昔日武藏野的景色用于园林中，建造了"杂木的庭园"，以开创了杂木庭园的先河而出名。

重森三玲在 1936 年之后的三年时间里，对全国 300 余处古代园林进行了实地调查，在总结经验的基础上，开始亲自建造以京都东福寺为首的多个园林。其造园风格为多运用石组表现抽象艺术的造景方法，与表现自然风为主的传统日本园林风格完全不同。

自古延续至今的造园技术

从昭和时代到平成时代，除了私人园林外，众多的园林建筑家和造园家们还在公园、城市环境设施和景观设计等领域进行了各种造景的尝试。但无论时代如何变迁，自古延续至今的取材自然、师法自然的造园手法将会被永远流传下去。

作为重森三玲代表作的东福寺方丈园林的"八相之庭"

注：
50 植治：家族的造园牌名。

从神宫桥上看到的明治神宫的森林树木繁茂,郁郁
葱葱

永不消逝的明治神宫"人工森林"

在以年轻人居多、作为流行风向标的原宿不远处,可以看到位于明治神宫内的"人工森林"。"人工森林"郁郁葱葱,这里树木繁茂得连白天都显得阴暗。但当听到这个森林其实是人工森林的时候,可能一瞬间也是难以置信的。

明治神宫"人工森林"造林于约100年前的大正时代初期,当时是为了配合祭祀明治天皇用的明治神宫而造的。

当时集合了以日比谷公园的设计者、有"公园之父"之称的本多静六为首,本乡高德以及"造园学之父"上原敬二这三位大师,以"营造接近原生林状态,可以永续存在的森林"为理念进行了植树造林,通过对原生树的移栽进行深入研究,保证树种多样性,来实现"永远的森林"这一目标。

造林之初,这里还是一片荒地,人们历时五年,用各地捐献的十万余棵树木进行植树造林。当时以松树为主,种植了生长速度快的日本扁柏、日本花柏、杉树、冷杉等针叶树,再在下面种植了之后成为主要树种的栎树、樟树等常绿落叶树。这是造林的第一阶段。

第二阶段以日本扁柏、日本花柏等针叶树为主进行造林。第三阶段以栎树、杉树和冷杉等常绿阔叶树为森林主体,其中夹杂种植日本扁柏、日本花柏和杉树等。第四阶段形成以栎树、杉树和冷杉等为主的极顶林,并开始种植第二代树木,在反复的世代交替中最终完成造林工作。

按当时的计划,"人工森林"的实现需要100年。虽然现在还略早于计划的时间,但明治神宫的森林已经完美地实现了"永远的森林"这一目标。

资料篇

为日本园林的发展做出贡献的先驱们

百济河成（782—853）

从百济（今朝鲜半岛一部分）移民到日本，曾在皇宫内做武官，后作为画家出名。虽然有很多种传说，但没有绘画作品流于后世。

据《今昔物语》中记述，百济河成曾面向大觉寺大泽池的泷殿[51]置一石组。此泷殿名为"名古曾泷"，瀑布中的水在平安时代中期已经枯竭，只剩石组立于泷殿前，于1922年被指定为国家指定名胜。在之后的考古发掘中发现了中世的遣水，于1999年完成复原工作。

藤原赖通（992—1074）

赖通年轻时，便接受了后一条天皇的摄政之位，之后的五十年间担任关白[52]，与父亲道长一起建立了藤原氏的鼎盛时代。

平安时代的贵族们住在寝殿造的宅邸内，建造奢华的池泉园林。但随着末法思想的出现，寝殿造园林逐渐向净土园林转变，其中的代表作之一就是赖通所建造的平等院园林。为再现西方极乐世界，在金堂和佛堂等寺院建筑物前筑造大面积水池，这样的园林样式称作"净土式园林"。

另外，赖通次子橘俊纲也是被视为日本最早的造园书《作庭记》的编纂者之一。

兰溪道隆（1213—1278）

自中国南宋东渡日本的临济宗僧，因在镰仓的建长寺开山说法而出名。之后他也在建仁寺担任过住持，在甲斐国（现日本山梨县）隐遁过一段时间。甲府市的东光寺园林是其晚年之作。

另外，他还草拟了模仿"鲤鱼跃龙门"的"龙门瀑布"石组。

梦窗疏石（1275—1351）

镰仓时代末期到室町时代名声大震的临济宗僧，由历代天皇赐以"梦窗国师"为首的七大国师尊号，又被称为"七朝帝师"。

他喜爱风光秀美的山林景致，在山间搭建草堂，筑造园林。代表作有山梨的惠林寺、岐阜的永保寺、镰仓的瑞泉寺和京都的天龙寺等。另外，以苔寺著称的西芳寺园林原本是净土宗的古刹，梦窗疏石入寺后，将其改成了禅宗寺院。后来的金阁寺和银阁寺都是以此为标准建造而成。

雪舟等杨（1420—1506）

生于备中，曾入相国寺为僧，在大内氏的庇佑下迁至周防。此后随遣明船来到中国，师从李在学习中国绘画技巧。

他既是著名的山水画集大成者，同时也是日本具有代表性的园林建造家。著名的"雪舟作"园林有山口县的常荣寺园林和福冈县的旧龟石坊园林等。

足利义政（1436—1490）

室町幕府的第八代将军。因继位问题挑起应仁之乱，虽政绩不受好评，但对花道、茶道和日本园林等室町文化的发展和成熟都产生了很大的影响。

他极爱西芳寺园林的风格，代表室町文化的银阁寺也是模拟西芳寺建造而成，其造园工作由同朋众之一的善阿弥独立完成。

千利休（1522—1591）

出身堺商人家庭，幼年开始学习茶道。他闲静孤寂的思想让茶上升到了艺术的高度。在茶道集大成的同时，露地（茶庭）的园林样式也被确立下来。将现在日本园林中最平常不过的石灯笼作为园林小品的构想也被第一次用于造园。另外，京都妙喜庵的待庵是唯一现存的千利休茶庭。

上田宗箇（1563—1650）

尾张丹羽长秀的家臣上田重元之子。既是武将，又师从千利休和古田织部学习茶道，创造了"上田流"。

在造园方面，他建造了和歌山城园林，随着领地迁移至广岛，开始建造缩景园。另外，他还受托建造了名古屋城二之丸园林。

以心崇传（1569—1633）

桃山时代至江户时代的临济宗僧。年轻时成为南禅寺金地院的住持，也被称为"金地院崇传"。后被德川家康重用，参与了江户幕府的政策制定，被称为"黑衣宰相"。

1626年，为了在南禅寺招待德川家光，以心崇传在金地院建造了东照宫，并建造了供奉之用的"鹤龟蓬莱"园林。据说，当时负责建造园林的是小堀远州。

小堀远州（1579—1647）

出身于离近江长滨不远的小堀村。在丰臣秀吉死后待奉于德川幕府。全国有史为证的"远州作"园林有冈山县赖久寺园林、京都二条城二之丸园林、金地院园林等。

另外，他还精通建筑、陶艺、书道、和歌，师从千利休和古田织部学习茶道，是"远州流"的创始人。在建筑方面，以大阪城为首，参与了建造了江户城、伏见城、骏府城等。

石川丈山（1583—1672）

江户时代初期的文人，创作以汉诗为主，也精通儒学、书道、茶道、造园等。原为武士出身，在大阪夏之阵后，成为浪人。后待奉于纪州浅野家，但很快辞官隐居于京都郊外。

于1641年建造诗仙堂，并在此终老。在建造诗仙堂时，首次将僧都（逐鹿）引入园林。后水尾天皇曾招他出来做官，但被他婉言谢绝。

后水尾天皇（1596—1680）

第108代天皇，娶第二代将军德川秀忠之女德川和子为皇后，后被卷入幕府与朝廷的对立之中。紫衣事件发生后，于1629年退位。之后仍以太上天皇身份摄政，热衷于研究学问和艺术。

这一时期建造了位于比叡山山麓的修学院离宫。园林占地面积大，包括上、中、下御茶屋和环绕四周的山林和水田。尤其出名是位于上御茶屋的巨大人工池浴龙寺和以大面积造型植物为主的壮美景观。

柳泽吉保（1658—1714）

德川幕府第五代将军德川纲吉的侧用人[53]，后升至大老[54]。后被纲吉赐予封地，并在此地建造了代表江户时代大名庭园的东京都六义园。造园历时八年，并依据和歌歌枕进行造景。据说纲吉很喜欢六义园，每年都会多次前往。

小川治兵卫（1860—1933）

山城国神足村的园艺师、山本藤五郎之次子，18岁时入赘小川家做养子。在京都的南禅寺一带建造了很多明治的元勋和新兴实业家的别墅。

他确立了以东山为借景，引流自琵琶湖渠水的自然风景式园林样式。有名的园林代表作以山县有朋的别墅无邻庵为首，有并和靖之七宝纪念馆和平安神宫神苑、野村别墅碧云庄和元山公园等。

重森三玲（1896—1975）

昭和著名的造园家、园林研究家。最初立志成为画家而到东京日本美术学校（东京艺术大学）求学。自1929年移居京都起，开始致力于园林研究，并设立了园林及古建筑的民间研究会"京都林泉协会"。对全国各地的园林进行实地调查，为日本园林的系统化贡献了力量。

在造园方面，他一生共建造两百余座园林，将传统的造园手法与现代的园林造型大胆结合。代表作品有京都东福寺方丈庭园、瑞峰院庭园和松尾大社磐座等。其造园特点是善于运用石组的抽象艺术表现方式，与传统日本园林的自然式表现手法的情趣不同。

注：
51 泷殿：泷为瀑布，泷殿即面向瀑布而建的住所。
52 关白：日本指辅佐天皇处理政务的最高职务。
53 侧用人：将军近侍的最高职，向老中传达将军的命令，将老中的呈报传达给将军。
54 大老：日本江户幕府时代辅佐将军的最高官员。

主 要 的 日 本 园 林 分 布 图

在这里为大家总结了日本各地主要的日本园林，其中包括自古就闻名遐迩的名园和近年来人气高涨的园林等，大家可以参考本书去实地观赏。

※一部分园林仅定期向公众开放，有些还需要提前预约参观时间，请关注官方网站最新信息。

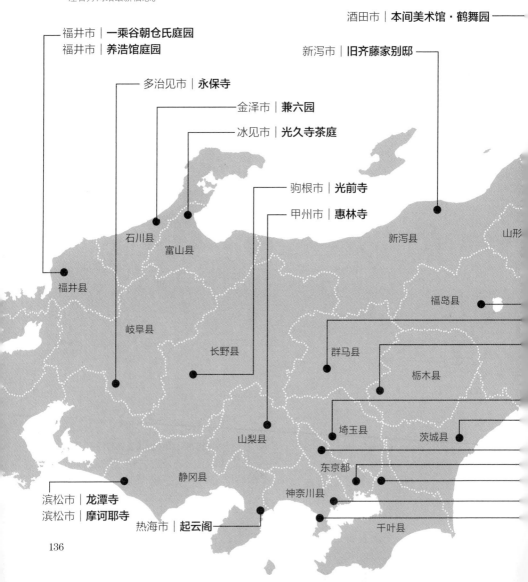

酒田市｜**本间美术馆·鹤舞园**

福井市｜**一乘谷朝仓氏庭园**
福井市｜**养浩馆庭园**

新泻市｜**旧齐藤家别邸**

多治见市｜**永保寺**

金泽市｜**兼六园**

冰见市｜**光久寺茶庭**

驹根市｜**光前寺**

甲州市｜**惠林寺**

山形

新泻县

石川县

富山县

福岛县

岐阜县

长野县

群马县

栃木县

福井县

埼玉县

茨城县

山梨县

东京都

滨松市｜**龙潭寺**
滨松市｜**摩诃耶寺**

静冈县

神奈川县

热海市｜**起云阁**

千叶县

北海道

函馆市｜**香雪园**

弘前市｜**藤田纪念庭园**

平川市｜**盛美园**

青森县

秋田县

大仙市｜**旧池田氏庭园**

岩手县

平泉町｜**毛越寺**

宫城县

村田町｜**龙岛院**

会津若松市｜**会津松平氏庭园（御药园）**

甘乐町｜**乐山园**

足利市｜**足利学校遗址**

岩城市｜**白水阿弥陀堂**

饭能市｜**能仁寺**

水户市｜**偕乐园**

青梅市｜**玉堂美术馆**

松户市｜**户定邸庭园**

横滨市｜**三溪园**

镰仓市｜**瑞泉寺**

中央区｜**浜离宫恩赐庭园**
文京区｜**小石川后乐园**
文京区｜**六义园**
江东区｜**清澄庭园**
北　区｜**旧古河庭园**
葛饰区｜**山本亭**

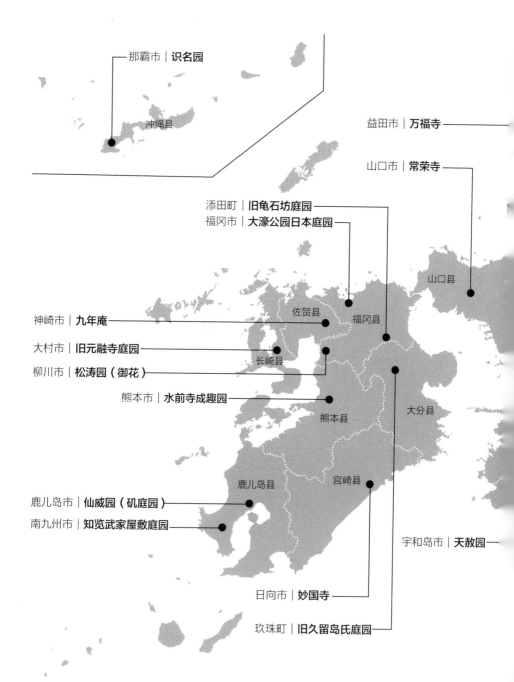

那霸市｜**识名园**

冲绳县

益田市｜**万福寺**

山口市｜**常荣寺**

添田町｜**旧龟石坊庭园**
福冈市｜**大濠公园日本庭园**

山口县

神崎市｜**九年庵**

佐贺县

福冈县

大村市｜**旧元融寺庭园**

柳川市｜**松涛园（御花）**

长崎县

熊本市｜**水前寺成趣园**

熊本县

大分县

鹿儿岛县

宫崎县

鹿儿岛市｜**仙威园（矶庭园）**

南九州市｜**知览武家屋敷庭园**

宇和岛市｜**天赦园**

日向市｜**妙国寺**

玖珠町｜**旧久留岛氏庭园**

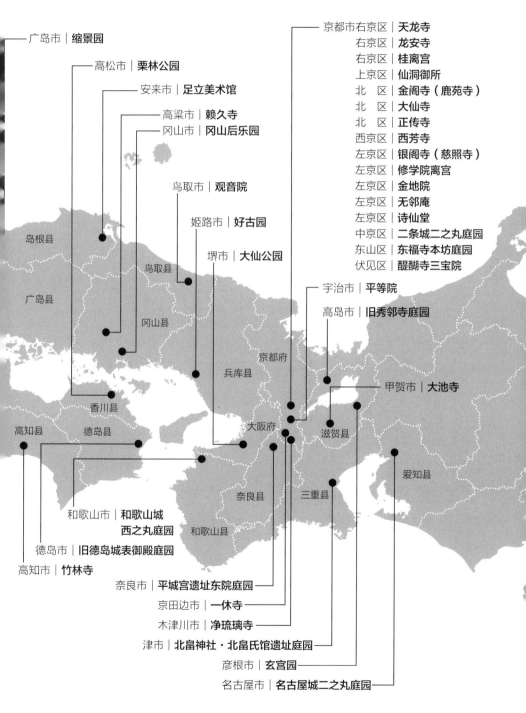

广岛市 | **缩景园**

高松市 | **栗林公园**

安来市 | **足立美术馆**

高梁市 | **赖久寺**

冈山市 | **冈山后乐园**

鸟取市 | **观音院**

姬路市 | **好古园**

堺市 | **大仙公园**

京都市右京区 | **天龙寺**
右京区 | **龙安寺**
右京区 | **桂离宫**
上京区 | **仙洞御所**
北　区 | **金阁寺（鹿苑寺）**
北　区 | **大仙寺**
北　区 | **正传寺**
西京区 | **西芳寺**
左京区 | **银阁寺（慈照寺）**
左京区 | **修学院离宫**
左京区 | **金地院**
左京区 | **无邻庵**
左京区 | **诗仙堂**
中京区 | **二条城二之丸庭园**
东山区 | **东福寺本坊庭园**
伏见区 | **醍醐寺三宝院**

宇治市 | **平等院**

高岛市 | **旧秀邻寺庭园**

甲贺市 | **大池寺**

岛根县

广岛县

鸟取县

冈山县

京都府

兵库县

大阪府

滋贺县

香川县

高知县

德岛县

爱知县

奈良县

三重县

和歌山市 | **和歌山城**
　　　　　西之丸庭园

德岛市 | **旧德岛城表御殿庭园**

和歌山县

高知市 | **竹林寺**

奈良市 | **平城宫遗址东院庭园**

京田边市 | **一休寺**

木津川市 | **净琉璃寺**

津市 | **北畠神社・北畠氏馆遗址庭园**

彦根市 | **玄宫园**

名古屋市 | **名古屋城二之丸庭园**

图书在版编目（CIP）数据

图解日本园林 ／（日）堀内正树著 ；张敏译 . -- 南
京 ：江苏凤凰科学技术出版社，2018.1
ISBN 978-7-5537-8616-2

Ⅰ . ①图… Ⅱ . ①堀… ②张… Ⅲ . ①园林艺术－日
本－图解 Ⅳ . ① TU986.631.3-64

中国版本图书馆 CIP 数据核字 (2017) 第 258774 号

江苏省版权局著作权合同登记　图字：10-2017-054 号
NIWASHI GA OSHIERU ZUKAI NIPPONTEIEN NO MIKATA TANOSHIMIKATA
Copyright © IE-NO-HIKARI Association 2015
Chinese translation rights in simplified characters arranged with IE-NO-HIKARI
ASSOCIATION
through Japan UNI Agency, Inc., Tokyo

图解日本园林

著　　　者	[日] 堀内正树
译　　　者	张　敏
项 目 策 划	凤凰空间/郑亚男
责 任 编 辑	刘屹立　赵　研
特 约 编 辑	苑　圆　张　群

出 版 发 行	江苏凤凰科学技术出版社
出版社地址	南京市湖南路1号A楼 邮编：210009
出版社网址	http://www.pspress.cn
总 经 销	天津凤凰空间文化传媒有限公司
总经销网址	http://www.ifengspace.cn
印　　刷	雅迪云印（天津）科技有限公司

开　　本	710 mm×1000 mm　1 / 16
印　　张	10
字　　数	128 000
版　　次	2018年1月第1版
印　　次	2020年10月第4次印刷

标 准 书 号	ISBN 978-7-5537-8616-2
定　　价	58.00元

图书如有印装质量问题，可随时向销售部调换（电话：022-87893668）。